原子力村中枢部での体験から10年の葛藤で掴んだ事故原因

北村俊郎

かもがわ出版

はじめに

原子力業界で長い間働いてきた筆者はリタイア後に備え福島県の浜通りに終の棲家を持った。今から二〇年前のことである。場所は双葉郡富岡町、東京電力福島第一原発から南へ七キロ、同第二原発から北へ四キロの海岸近くだ。当時は新橋の日本原子力産業協会に月に何度か顔を出す程度だった。

二〇一一年三月一一日、東日本大震災が発生。翌日、防災無線で福島第一原発の事故と避難指示が出ていることを知り、貴重品とペット一匹、それに仏壇の位牌など最小限の持ち物をマイカーに詰め込んで隣の川内村役場を目指して家を後にした。それから一〇年、現在も自宅のある地域は避難解除されないため、県内で避難中だ。

川内村の避難所のテレビで見た水素爆発の映像は衝撃的であった。それまで原発のある地元の住民に安全性を説明し原子力開発に理解を求めてきた一人として居たたまれない感情が湧き上がってきた。いくら原発がさまざまな利点を持っていたとしても、地域を破壊し、住民をこのような悲惨な状況にし、故郷を奪ってしまうようなことは絶対にするべきではなかったのだ。

かつて海外の原発を視察して我が国の原発と運営面での根本的な差を感じた筆者は、原子力業界内部で報告をしたり、業界誌に「原子力、五〇年目の危機」という記事を書いたりして原子力村の独善や形だけの事故訓練で済ましていた業界の体質を問題にするなど、安全神話に埋没していたわけではないがやはり甘かった、組織内からもっと切迫感のある警報を鳴らすべきだったと悔やんだ。

福島第一原発の事故で避難してから一〇年が経過したが、いまだに帰還困難区域にある富岡町の自宅には戻れていない。原子力業界で数十年の職業人生を過ごした者として、避難の状況やそれまでの原子力開発上の問題点をまとめたものを事故のあった年に上梓したが、当時、「何故、東京電力が事故を起こしたのか」という点の考察は事実関係もわからないこともあり不十分であった。

事故後、いくつかの事故調査委員会による原因追求がなされたが、国策民営で行われた原子力開発の問題点、業界の体質などを事故の遠因、背景として取り上げるものは少なく、業界の内情やいままでのいきさつに精通していると感じるものはあまり見られなかった。

業界の現役はもちろんOBも口をつぐんだままだ。国と東京電力旧首脳陣を被告として行われている裁判で貴重な証言もいくつか出てきたが、東京電力の旧首脳陣がどのような考えで事故につながるような判断をしたかという肝心な点はほとんど明らかにされていない。筆者がこの一〇年間、避難先でかつて業界にいた立場からこの事故とその背景を考えたこと、気づいたことをまとめて公にすることは、福島第一原発の事故という史上まれに見る大事故の全容を解き明かすジグソーパズルの一片となるとの思いを持つに至った。

重大な結果を生んだ判断の背後にある原子力開発の歴史と日本特有の考え方、東京電力のような巨大な組織だからこそ大事故を防止出来ない事情などについて書いたのが第一章と第二章である。

開発の歴史、日本特有の考え方、巨大組織のあり様は、原発事故後の廃炉、除染、補償、さらには原発の再稼動やこれからのエネルギー選択などにも強い影響を与え続けている。それについて書いたのが第三章から第六章である。

福島第一原発の事故原因は、海外からの原発技術導入が始まって以来数十年におよぶ長い原子力開発の歴史の中で育まれてきた、東京電力に代表される組織の体質と企業風土に根ざすものである。今年、明らかになった柏崎刈羽原発の不祥事に関して「一〇年経っても体質と風土が以前と変わっていない」、「東京電力は原発を運営する資格がないのではないか」と指摘する電力関係者も多いとメディアが伝えているが、それだけではその根深い体質などがどのようなものか外部の人々には理解出来ない。開発の歴史のどのような点に大事故を起こした原因があったのか、日本特有の考え方はどのように影響したのか、巨大組織は何故大事故を起こしてしまうのかの具体的なメカニズムが示される必要がある。そうでなければどのように直したらよいかも分からないであろう。

事故を起こした東京電力の体質や風土は、必ずしも東京電力特有のものとばかりは言えず、官公庁や電力会社の組織の体質、風土にも共通するものがあり、今回の大事故を通して日本社会が見えてきた。これまで日本人の持ち続けてきた社会の維持のあり様は、日本と同じように近代科学技術によって生産を支えてきた欧米諸国とは明らかに違うものであり、その違いに大事故を起こした原因の一端があると考えるに至った。新型コロナウイルス感染に関しても強制力を使わず民度に期待する日本の対応は明らかに欧米とは違う。

今後の原発事故への備え、廃炉、住民対応、地域復興、次世代のエネルギー確保などにもこの日本の伝統的な社会維持の考え方は影響を与え続けるものであることを十分にわきまえる必要がある。

もくじ

第五章　日本で原発なしは可能か　179

第一章
福島原発事故は日本の原子力開発の帰結

福島第一原発の事故の背景には長い間に積もり積もった問題が多々存在したのではないか。そうした問題意識をもとに、この国の原子力開発の歴史を振り返えると、今回の事故は開発の過程で起きた誤りが修正されずに定着してしまったことの帰結であったことがわかる。

福島第一原発の事故前に規制当局や原子力業界に定着していた考え方、慣習は事故につながる問題点が多く見られ、最近の東京電力の柏崎刈羽原発再稼動に関する一連の不祥事も、体質、企業風土の問題がいまだに改善されていないことを示している。

1、事故原因についての見解

福島第一原発の事故の後、その原因に関し当時のアメリカの規制当局であるNRCのヤツコ委員長は「設計と立地の誤り」と直截な指摘をした。後任のマクファーレン委員長も「その誤りを長年放置したこと」と述べている。両氏の見解にさらに「外部からの警告に接して敏速な対応を取らなかったこと」を加える必要がある。何故なら、日本原子力発電の東海第二原発は、ハザードマップの見直しを受けた茨城県の要望もあって津波に対する防護壁を造り、追加の非常用電源を準備することで東日本大震災と津波による過酷事故を免れたからだ。

国も東京電力も事故前に、海外の原発での全交流電源喪失の事例を知っており、大津波に襲われた場合は重要設備が水没することも認識していた。逆に津波に関しては二〇〇〇年に一度の大津波が近い将来に来ることはないという証拠を持っていたわけではなかった。東京電力の経営陣は発生が現実性を持って感じられない津波襲来より、直面している経営上の問題を解決する方が大切と判断したが、それはまったく合理的でなかった。何故そのような判断をしたかを解明しようとする場合、我が国の原子力開発の歴史にそのヒントがある。

2、原子力開発の歴史を振り返る

我が国の原子力開発の歴史を三つの時期に分けて振り返り、福島第一原発事故の背景となったことがらを指摘してみる。

〈第一期〉一九六五～一九七八年

この時期、日本は工業社会へと転換し高度経済成長を成し遂げた。東海道新幹線、大型タンカー、人工衛星など科学技術の前進が大きな成果をもたらしたが、負の側面の多くは次の時代に送られた。一九七三年に第一次石油ショックが起きた。日本の弱点であった海外のエネルギー資源、特に中東からの石油依存からの脱却を目指し、一部の政治家が主導して欧米で実用化したばかりの原発の早期導入を決定した。この政策は官界、学界、産業界を巻き込んで行われたが、商業炉は電力会社が主体となって建設することになった。イギリスのガス炉に続いて採用されたアメリカ型軽水炉は、小型大出力で経済性に優れていたが、地震や津波等自然災害が多く狭い国土を前提とはしていなかった。自前の評価能力は育っておらず、設計変更には巨額の費用と時間を要したため、契約は元設計のまま発注者は受注者から運転用の鍵を受け取るだけのターンキー方式で締結された。

初代原子力委員の一人である湯川秀樹博士は、自前の研究を積み上げず安全性も十分確かめないまま海外からの輸入に頼って商業炉の稼働を急ぐ拙速さに嫌気がさし委員を辞任した。アメリカの原子炉メーカーなどに派遣された日本の電力会社やメーカーの技術者は貪欲に技術を習得。同時にアメリカ流の合理性、経済性重視の考え方を身に付けた。軽水炉原発のコスト優位を強調する関係者が増え、福島第一原発の計画にあたって、当時の東京電力の経営幹部は、原発の建設地点は海抜が低い方が取水用電力の消費が少なく有利と判断し、海岸から三〇メートルも立ち上がった断崖を海抜一〇メートルまで掘削してそこに原発を建設した。一旦建設してしまうと原発の海抜を上げることは不可能であり、防潮堤などを建設して津波に対処する以外に方法はなかった。

軽水炉初号機の敦賀原発は日本原子力発電に技術者を集結したオールジャパン体制で始まったが、まもなく東京電力や関西電力などは技術者を出向解除。自前のサイトでの建設を目指し、早期建設と発電実績を作ることに邁進した。まだ地震発生メカニズムの知見もなく、立地では強固な岩盤の他は人口密度、大消費地への適当な距離など経済性が優先された。

　発電が開始されると関係者は初期故障の対応に追われ、根本的な設計立地問題は後回しにされた。人材面では機械工学、電気工学、化学などが中心となり、原子物理系の人材は薄くなり、安全システム研究はやや専門的な分野となった。初期の電力会社の原子力部門は、過去のしがらみはなくメーカーの技術者も含め内部で自由闊達な議論が出来たが、開発が軌道に乗るとその雰囲気は徐々に失われていった。電力会社の経営幹部に原子力部門出身が入るようになると、社内で原子力部門の特別扱いが定着。部門間の人事交流もなく、社内で独自の文化を持つようになった。

　国は原発を国策として民間に任せ、電力会社は国の支援を最大限に受けることで両者が協力することになり、国と電力会社は監視する側と監視される側というより、一心同体の関係になった。これは国としての規制の機能が推進の中に取り込まれてしまうことを意味しており、実質的にブレーキの効きが悪い車のような状態になってしまった。同時に原発開発に対してチェックが働いているかどうかが国民の目から見えづらくなった。

　原発の製造と建設の国産化は当初からの国策の狙いのひとつであり、日本を代表する総合重電メーカーが各電力会社から初号機の建設を受注した。日立製作所と東芝はアメリカのＧＥ（ＢＷＲ型）、三菱重工・三菱電機はウエスチングハウス（ＰＷＲ型）とライセンス契約を交わし、次第に技術力をつけて国産化率を高めていくとともに、国は政策的に三社以外の参入を認めず独占体制を整えて行った。電力会社もBWR型とPWR型に分かれてメーカー間の競争が起きないようにした。日本原子力発電だけは例外的に三社すべてと取引がある。

電力会社は中央制御室での運転操作以外の技術のほとんどすべてをメーカー三社（土木建築については数社のゼネコン）に依存している。原子炉等規制法は原子炉設置者である電力会社に責任が集中するようになっており、事故など問題が生じた際にも設備の設計製作と現場を一番把握しているメーカーは規制当局や自治体に対応する電力会社を後ろから支える役割に徹した。この両者の相互依存の深い関係が、後に現場での事故の隠蔽や検査時の偽装といったことにメーカーが手を貸すといった場面も作り出すことになる。

一九七四年、立地支援策である電源三法が田中角栄内閣の提案で成立している。国会の審議の過程で田中内閣は原発を迷惑施設として認めており、立地地域には国の手厚い財政支援が当然の権利として認識されるようになり、地元自治体や地元住民は次第に原発の危険より恩恵に注目するようになった。

運転開始後は送電線への落雷による運転停止、クラゲ来襲等があったが、過酷事故につなげての検討はされなかった。この時期、大地震や津波がなく、関係者も地元住民も自然災害に対する危機感を抱くことがなかった。

当初、メディアは原発を夢のエネルギーと賛美した。立地地域は原発建設を歓迎、国策協力に誇りを抱くとともにその経済効果に驚いた。原発のリスクについては国、電力会社を信頼し電力会社との法律に基づかない紳士協定である安全協定を結び、反対運動は特定のグループが「ためにする」反対と見ていた。一九七四年の原子力船「むつ」放射線漏れをメディアが大きく報道し、風評被害が出たころから原子力界は一般国民に原発の安全性について理解させることが難しいと感じ、情報開示に神経質になり内に籠るようになった。

〈第二期〉一九七九〜一九九六年

国内では良質豊富な労働力と安価な石油で、家電、自動車、機器などの産業が急成長。合理化、大型化、大量生産により生産性が上昇し高度成長はピークに達したが、一九八〇年に再び石油ショックが起きた。一九八〇年代のバブル期には財テク、贅沢指向となり、その後、一九八七年ブラックマンデー、バブル崩壊、湾岸戦争、ソ連崩壊と続き、一九九五年に阪神淡路大震災が起きた。

原発は五〇基まで増え、数では世界第三位となった。各社は競って最新式の原発導入をし同一サイトに設計の異なる複数基を建設したことで管理が複雑化した。これに対してドイツや韓国では同一サイトに同じ設計の原発を二〜四基建設する方式を採用し運営の円滑化を図った。

二度の石油ショックを経験し、原発は国策としてより強く意識されたが、放射性廃棄物の処理処分などの課題は遅々として進まなかった。そのために後々、この問題は電力会社を悩ますようになり、原発の運営のための力を削ぐことになった。

電力会社の原子力部門では建設担当が花形となり、古い原発の設計上の問題点を検討することは社内で行われなくなった。そのころ国内外では事故トラブルが多数発生し、関係者はその対応に忙殺された。一九七九年スリーマイル島の事故で、軽水炉に危険性があることが判明。アメリカでは、多様化した非常用発電機設置を義務付けたが、日本では肝心の緊急時の対応、対策が進まず、メルトダウンでもあの程度の外部影響にすぎないと、逆に問題を矮小化した。

七年後、チェルノブイリ事故が発生したが、炉型の違い、社会体制の違いを強調した広報活動を展開し、過酷事故対策で欧米に立ち遅れはじめた。一九九八年動燃「もんじゅ」でナトリウム漏洩事故。情報隠蔽体質が大問題になった。「もんじゅ」の失敗は核燃料サイクル計画に大きな障害となり、結果的にプルトニウムを軽水炉で燃やすことになった。原発は稼働率を上げるために対症療法を繰り返したが、大事故の起きる確率は低いと考え、備えは大きく改善しなかった。

規制当局も安全基準の見直しに消極的であり、当局の独立性、人材の質と量、独立法人への過度の依存、役割認識不足、形式的な防災訓練、書類偏重の検査などに問題があったが、改善されなかった。第二期も大きな自然災害が原発を襲うことはなかった。

立地自治体では次第に原発事故に対する危機感が薄れ、建設が少なくなり交付金が減ったため、核燃料税創設など原発の経済効果維持に関心が向かった。自治体は担当職員増員や諮問委員会など充実を図り、安全協定も強化。法的拠のないまま原発運営の足かせとなっていった。反対派が国を相手取って

図1　原発基数の推移

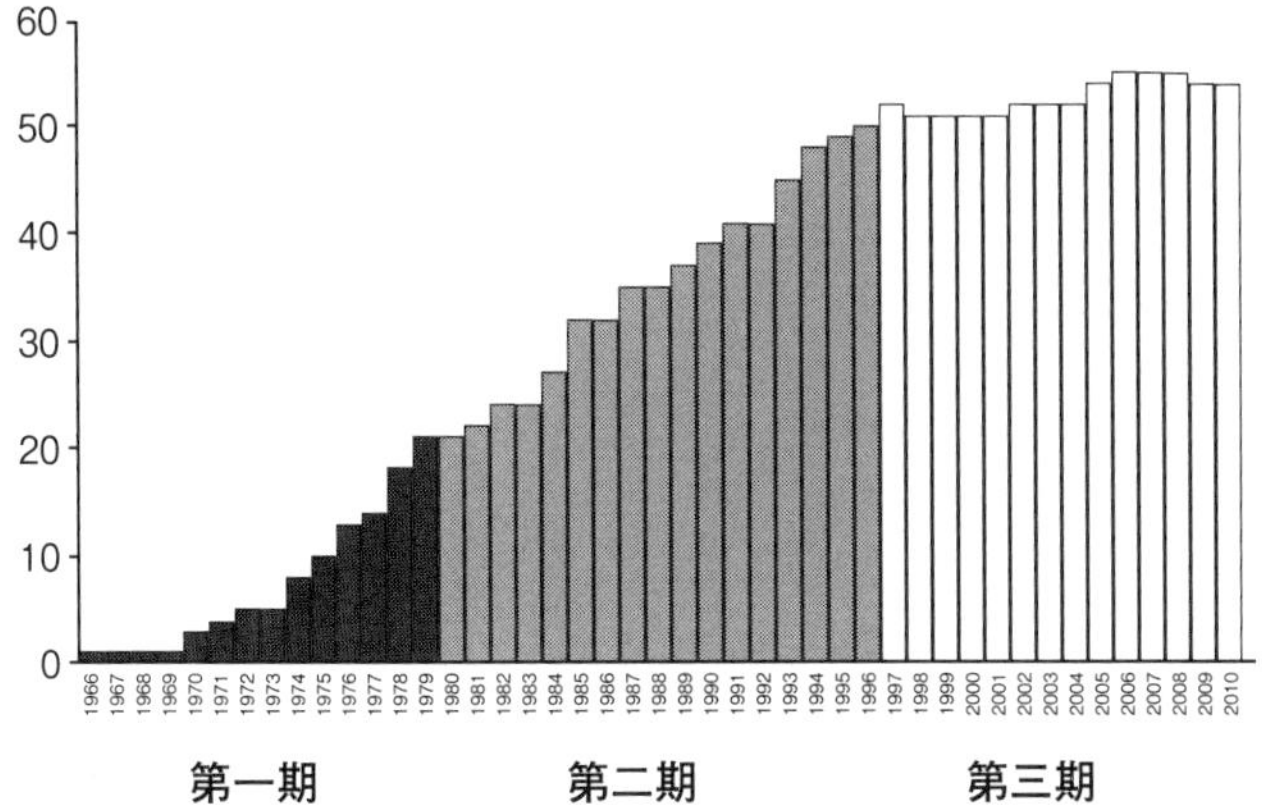

原発訴訟を起す戦略に出ると、国と電力会社は古い原発でも十分安全という説明をせざるを得なくなり、根本的な安全議論はタブーとなった。このことは安全確保のための改善を表立って出来なくなる点で原発の安全への影響は大きかった。

この時期、メンテナンスでの外注化が進み、メーカー系列、電力子会社系列による多層構造の体制を構築した。これで定年退職後の社員や地元の雇用の受け皿づくりも進んだ。外注化は電力会社の技術力を空洞化させ、社員の現場力の低下や組織の内部の縦横の風通しの悪化を招いた。技術的にメーカーや学者が電力会社を支え、電力会社が規制当局を支える構図になり、規制当局の電力会社との不適切な関係が常態化した。

政治家、官庁、電力会社、メーカー、関係団体、地元自治体、地元経済界は関係者の利益を確保する体制を構築し、大学も就職や研究費の業界依存を強めた。電力会社の原子力部門は守りに転じた結果、自由闊達さがなくなり、下からの意見が上がりにくい危ない組織になった。世代交代で技術者たちの古い原発に関する技術伝承は不十分になった。不況にもかかわらず労使協調で賃上げを続け、トップクラスの処遇となった電力会社は、社員が保守的傾向を強めた。規制当局内も、幹部職員の在籍期間は短く育成制度もなく、制度の見直しや規制の変更に手がつかず事故トラブル対応に終始した。

〈第三期〉一九九七～二〇一一年

二〇〇一年の同時多発テロ、二〇〇八年リーマンショックをきっかけに世界的大不況の中、日本経済の成長が止まり、中国などの追い上げが始まった。急激な人口減少高齢化で国も地方も大幅な財政赤字となった。宮城沖地震、十勝沖地震、新潟中越沖地震があり、はじめて原発が被災した。一九九九年、JCOで臨界事故が発生。死者が出て周辺住民の避難が行われた。しかし電力会社は、燃料製造という周辺の問題だとし、過去に原発でも臨界事故が発生していたが過酷事故対策につなげなかった。

二〇〇二年、各電力会社で過去に数多くの隠蔽、改ざん、偽装などが繰り返されたことが明らかになり、トップが実権を握ったまま退陣して世論をかわし、安全文化の問題として真の原因を糺そうとしなかった。規制当局は内部告発を受けても放置し、告発者の情報を漏らす失態があったが、電力会社は政治力、経済力を総動員したため、政治やメディアの追求も不徹底だった。

美浜原発の非常用冷却装置作動、三号機二次系配管破裂など過酷事故の予兆があったが、規制当局は過酷事故対策を規制に盛り込むことをせずに、電力会社が自主的にやるものと位置づけた。二〇〇七年柏崎刈羽原発が地震で被災し、各社は耐震強化に集中した。浜岡原発は二基が廃炉となったが、柏崎刈羽原発では建屋が想定の二倍の地震動に耐えたことを強調し津波対策は不十分だった。

電力会社は不祥事、不適切な規制で低迷する稼働率を上げることに全力で取り組み始めた。不適切な規制とは、運転成績のいかんにかかわらず年間に約三か月間の定期点検による停止をしなくてはならないこと、検査項目の多さと検査の出来る日の制限、煩雑な書類作成と説明要求などである。

福島第一原発の事故以前の一〇年間、日本の原発は欧米、韓国などトップクラス国の原発と比較し稼働率で一〇から二〇ポイントも水を開けられており、これに追いつくことが関係者共通の悲願であった。特に東京電力や中部電力などのＢＷＲ（沸騰型原子炉）勢が関西電力や九州電力などのＰＷＲ（加圧水型原子炉）勢に対して劣勢であった。低稼働率は大地震の発生、規制の硬直化、一連の不祥事などが原因だったが、これ以上稼働率を下げる長期停止だけはなんとか避けたいというのが福島第一原発の事故以前の東京電力を含む電力会社に共通した想いであった。

スマトラ沖地震による原発被災のニュースがあり、産総研が貞観津波再来の警告を出したりしたが、東京電力は対応を先送りし、福島県など自治体もプルサーマル計画に気を取られ反応が鈍かった。海外での過酷事故対策の情報もあったが、裁判への影響、地元への説明、長期停止を恐れた国や電力会社は取り上げなかった。「もんじゅ」は試運転にたどり着いたものの、相次ぐ事故と情報隠蔽により挫折。長期の停止の後、廃炉を決定した。

核燃料サイクルは中核となる高速増殖炉を失い、再処理工場も完成せず燃料プールも余裕がなくなった。行き場所を失った原発の使用済み燃料は、各原発のなかに溜まり続けた。海外で再処理した使用済み燃料から発生したプルトニウムを消費するため高速増殖炉に代わる消費先として原発の燃料の一部にプルトニウムを入れるプルサーマル計画が急遽浮上した。

そんな状況にもかかわらず、国は原子力立国計画を策定し、エネルギー安全保障と温暖化対策の決め手として国内の原発の建て替えと世界的原子力ルネッサンスに対応したプラント輸出を目指し、過酷事故対策や原子力界の体質改善を置き去りにした。立地地域では雇用を中心に原発依存が定着。増設やプルサーマル計画など目先の問題にとらわれていた。世論調査では地球温暖化もあり、今までになく原発推進に支持が集まった。

ＩＡＥＡより規制の独立性の問題指摘があったが、日本は手をつけず、規制当局も電力会社に情報などを依存することを続けた。電力会社でも内部チェック機能は骨抜きのままであった。関係企業、地元などへも原発の運命共同体が広がり、これがしがらみとなる一方、官僚主義と前例踏襲により既得権を守るばかりで大きな方針転換が出来ない組織となった。電力会社では世代交代がさらに進み、技術の継承や経験に不足が生じてきた。

3　原子力業界の体質、風土

福島第一原発の事故原因につながることが原子力開発の歴史のなかで積み上げられてきたことを指摘してきたが、今度は規制当局や原子力業界で体質や風土として定着していた考え方、慣習などについてそれがどのようなものであり、どのように事故原因となったかについて分析する。

形式主義の蔓延

形式主義とは、一般に事物の内容よりも形式を重んずることを言い、検査や監査で文書や計画などの形式さえ整っていれば中身は詳しく調べる必要はないとする考え方である。事故や不祥事が起きるたび新たな制度やルールが作られる。それら全ての規則を守ることが目的化してしまい現場の対応力を失ってしまう。

形式主義は常に原子力安全を脅かしてきた。定期検査は現場の担当者に会議机いっぱいにファイルが並ぶ膨大な書類作成業務を発生させ、内容より指定した書式に合っていること、ハンコが全部に押されていることが重視されたため、担当者はこれをチェックすることに時間を取られ、肝心の書類の中身や現場確認のための時間が取れず、結果として現場は下請け業者まかせになっていた。長期の外部電源喪失がないとした原子力安全委員会も、統計上の数字によって判断し、万一、原発で長期の外部電源喪失があれば、すぐに厳しい状況に陥る実態を調べずにいた。

自治体も参加しての防災訓練のシナリオは訓練時間と動員体制を考慮して作成され、訓練そのものは芝居の台本の読み合わせであった。メディアもこれを批判なしに「粛々と行われた」と伝えて形式主義に疑問を呈さなかった。何が起きるかわからないという緊張感がない訓練では、潜在的脅威に対する意識を覚醒させることは期待出来なかった。一方、立地自治体の首長は事故のたびに原発内に立ち入り、それをメディアに撮らせて住民アピールをしていた。

発電所員は消防ポンプの操作方法も知らず下請け任せにしていた。運転員は津波のガレキ撤去のための重機の操作の訓練はしていなかった。東京電力が津波の脅威がまだ土木学会で正式に認められていないことを理由に対応先延ばししたことは形式主義の悪用である。形式主義が蔓延した理由は、形式を整えることに日本人がこだわったことに加え、マネージメント能力低下、マンネリズム、無責任、安易さ、危機感のなさ、効率優先であったからであり、一言で言えば「当事者が本来の役割を果たそうとせず、楽をしたかった」からだ。それが3・11で暗転する。

海外と比べて遅れていた規制のやり方

原子力規制委員会と原子力規制庁が原子力発電所に対して行う検査制度が二〇二〇年四月に大きく変わった。これは原発に対する規制のやり方がそれまで効率が悪く、しかも肝心な原発の安全が十分に担保出来ないものであったことを示している。最大の変化は、事業者自らが主体的に検査を行い、安全に一義的責任を持つようになったことで、規制当局は従来の検査を一本化した「原子力規制検査」によって事業者のあらゆる保安活動を監視するようにした。これは海外ではとっくに行われていたことだ。

従来、原発に対して規制当局が運転段階で実施する検査は、「使用前検査」や「施設定期検査」「保安検査」などで、規制当局による検査の複雑化・細分化が進んだために範囲の重複が生じ、規制当局と事業者双方が行うような検査も存在していた。つまり、検査は規制当局が行うもので、それに通りさえすればよいという考え方だった。そこにあるのは電力会社が自主的に保安活動をして原発を安全に動かすというより、役所のお墨付きを貰えば何かあっても責任は役所にあるという考えだ。福島第一原発の事故の直後に行われた記者会見で東京電力の社長が、「当社の原発は国から合格を頂いている」と述べたのはまさにそのことであった。

新制度では、これまで規制当局が実施してきた使用前検査や施設定期検査を廃止し事業者検査化する。電力会社が主体的に合否判定を行い、問題点は自ら改善することとした。さらに、規制当局は従来の検査を一本化した「原子力規制検査」によって、電力会社が行う検査や改善活動など、あらゆる活動をフリーアクセスで監視することとした。

やや専門的になるが、新しい検査制度はＩＡＥＡの指摘などによって「パフォーマンスベース」で「リスクインフォームド」な検査を行うとしている。パフォーマンスベースとは結果を重視する検査を行うことで、検査結果が悪ければ罰則として規制が強まり、結果が良ければ通常通りの規制となる。リスクインフォームドとはパフォーマンスの低下予測にリスク情報を活用することで、リスクの大小が分かればパフォーマンスに変化がなくても、安全裕度が低下した状態を見極められる。リスク情報は電力会社も自主的な安全性向上活動に活用し、パフォーマンスの劣化を未然に防ぐことが出来る。要するに従来はこのようなことが行われずに旧態然とした規制を続けて、福島第一原発の事故を迎えてしまったということだ。

原子力平和利用三原則に忠実でない原発開発

原発は、官界と電力業界が中心となって国策としてお上がうまく導くので任せておけばよいというパターナリズムで進められてきた。パターナリズム（paternalism）とは、強い立場にある者が「弱い立場にある者の利益のため」だとして、本人の意志は問わずに介入・干渉・支援することをいう。語源は親が子供のためによかれと思ってすることから来ている。

逆に弱い立場の者からすれば、お上がやってくれるから自分たちはそれに従っていれば損はしないと考える。医療現場では、パターナリズムと相反するものとしてインフォームド・コンセントがある。「患者のためになる」という医師による判断での処置は患者の同意を得ていない。インフォームド・コンセントの場合は、患者が医師から医療方針について十分な説明を受け、納得した上で、患者自らが治療や処置を受け入れる決定を下すようになる。

パターナリズムを電源の選択で考えてみると、少なくとも戦後の九電力会社の独占体制をつくったこと自体パターナリズムだ。国と電力会社は経済成長を支えるため大型水力発電、火力発電、そして原子力発電へと電源開発の重点を移してきた。この間、学校教育などではこの選択が正しいものと教えられてきたが、国民にインフォームド・コンセントがよく行われたとはいえない。特に原子力発電に関しては導入初期に被曝国としてのトラウマを払拭すべく原子力平和利用キャンペーンをアメリカの支援のもとに展開したが、その後は立地地域の住民、消費地の住民ともに十分なインフォームド・コンセントを国や電力会社から受けてきたとは言いがたい。

国政選挙では原発は争点にならず民意が確認されないままで、原発推進の実態は原子力平和利用三原則の「民主」とはほど遠いものだった。

原発は輸入によってスタートしたため、自前の技術力ではなく「自主」でもなかった。規制についても当時のアメリカの模倣だった。スリーマイル島原発事故などによりアメリカの規制が改善されても、今度は従来の規制に固執した。「公開」についても、電力会社の事故隠しや規制当局の消極的姿勢が続いた。原子力の関係者には人類が手にした新しいエネルギーの開発という共通の目的意識があり、これが、特権意識、困難な問題の先送りと隠蔽、共同体化などを生み、国民から遊離したものとなった。福島で住民が受けた「住居も生業も失くす」という不条理は、ここに端を発したことを知らねばならない。

国策民営の枠組みの下に開発が進み、関係者の都合や利益が守られ、将来にツケが回された。国策民営の実態は国と電力会社のもたれ合いであった。国民世論は当初から原発の是非に関する二項対立の構図が存在し、推進派と反対派は互の存在を認めず、本来科学的議論をするべき安全性についても同じテーブルで話し合いが出来なかった。双方とも「結論ありき」で、ロジックや証拠集めに無理があった。不利な情報は小さく扱うか握りつぶし、仲間内で議論することが続いた。推進派は反対派と議論するのは無駄であり、相手にせずの態度を取った。これに対して反対派は国などを相手取って訴訟を起こした。これで国をはじめとする推進派は、追加の安全対策を言い出せない「安全神話の罠」に陥った。常に安全性を高めるという原発運営に必須のことが出来なくなっていた。このような環境で原発をやるのはリスクが高かった。

誤った安全の考え方

福島第一原発の事故は、関係者の安全の考え方に間違いがあったことを明らかにした。科学技術は実在するものを対象にしているにもかかわらず、日本人は実際の安全より心の平和（安心）を求める傾向がある。

本来、安全確保のために投じる資金や労力が限られているため、危険はリスク順に取り除くべきだ。筆者がかつて訪れたフランスの原子炉メーカーのアレバ社シャロン工場では、見学者にヘルメットを着用させないが、日本流安全は事務棟から中央制御室までの廊下でもヘルメットを着用させる。ルールを複雑にしたくない、ヘルメット着用の負担を皆で分かち合うべきとの農耕民族的発想だ。一事が万事と考え、小さいことの積み重ねを大切にする。この結果、手厚い安全対策をしているつもりが、コストばかり掛かる焦点の定まらない手ぬるいやり方になっている。

欧米では、過酷事故に対して厳しい規制をかけ、品質保証活動は電力会社の自主性に任せているが、日本ではその逆をやってきた。事故を防ぐには不安全状態の探索、対策の予算的裏付けこそ必要だが、「安全第一」、「安全文化」と言葉で注意力を喚起し、安全になったような気分になっていた。

原発と安全の問題をよくよく考えると「原発は安全ではない」と言うべきである。運転している原発は常に事故を起こす可能性がゼロにはならないからだ。では「原発は危険なものか」と言えば、そうだとも言えない。安全や危険という言葉をそのように使ってはいけないことに気づくべきだ。

Aという原発が安全だと堂々と主張できるのはA原発が無事故で運転を終え、少なくとも核燃料をすべて原子炉から搬出してからだ。それで初めてA原発は安全だと主張出来るのである。B原発が運転中に事故を起こしたらB原発は安全な原発でなかったことになる。柩の蓋を覆って後、初めてその人の価値が決まるという表現があるがその通りだ。

日本初の商業用原発である東海発電所の設計、建設、運転に携わった日本原子力発電の技術系幹部の一人が、東海発電所が運転を終了し廃炉に入った際に「引退後も東海発電所が大事故を起こさないかとずっと心配していたが、そのようなこともなく運転終了出来たので心から安堵した」と漏らしたのを覚えている。

既に建設あるいは運転を始めた原発が「原発が安全な原発」か「危険な原発か」を予測することは不可能である。であれば現在各地にある原発は安全だ、あるいは危険だと安易には言えないことになる。あくまで「現時点」や「いままでは」である。運転期間の最終日に事故を起こさないとも限らないからだ。

では現実に原発を建設したり運転したりするにあたってはどうすればよいのか。将来起こりうる原発事故による損害と原発の恩恵を天秤にかけて判断しようとするのが一般的だが、まずあらゆる角度から良く検討することだ。しかしその結論を元に運転を開始したとしても、効力は最後の運転日まではないことを忘れてはいけない。

原発を建設している間、運転している間に内外から危機は必ずくる。国内外の新たな情報を掴んで現実の設備や運転のやり方を絶えず修正していくこと、最後の最後まで気を緩めず心配しながら運転する謙虚さが大切である。一〇年前の東京電力はこれが出来ていなかった。関係者は運転を終了する日まで原発は安全であると言えないことを心に留めるべきである。新規制基準によって改善され再稼働する原発も同じである。政治家が言う「世界で最も厳しい基準」などというのは何時の話なのか。そうした慢心が原発の安全にとって一番危険なのだ。

どんなに安全対策を打ったとしても残余のリスクが残るが、潔癖性の強い日本人はこの現実を認めようとせず、結果的に無防備な状態となっていた。国も電力会社も残余のリスクを明らかにすれば、原発の危険性を認めたことになり、反対派に攻撃され、安全審査に絡む裁判にも影響する、防災訓練に関して自治体への説明が大変になると考え、残余のリスクの話を避け続けた。国内外の大事故に対する評価でも、スリーマイル島事故、チェルノブイリ事故、ＪＣＯの臨界事故に対して、自国の原発との共通点を探すのではなく、設備、社会体制、規則、人の資質などの違いを強調し、日本の原発の危険性に繋がらないようにした。

本来は、軽水炉で過酷事故が起きうること、原子炉の監視システムに根本的問題があること、事故対応における要点、放射能を環境に出したことによる被害の大きさ、経済性優先が危険につながることなどに着目すべきであった。関係者でも、事故の確率が一万年に一回を、「生きている間は起きない」と錯覚し、三台の非常用発電機が同じ場所にある危険性に気づかなかった。また、一般の人への説明では、例外的なこと、前提条件にはあえて触れず、説明を単純にした。内部で警鐘を鳴らす者は疎んぜられ、安全文化の育つ土壌ではなかった。

共同体化

原子力関係者は「原子力村」と呼ばれるまでに共同体化した。共同体の目的は「原子力によるエネルギー確保の実現」であるが、電力会社は地域独占で安定した経済基盤を持ち、処遇や取引で、特定の対象に便宜を与えることが出来たため、共同体は、政治家、規制当局を含む官僚、電力会社、メーカーを中心に、金融機関、学者、メディア、自治体、労働組合、漁協、各種団体まで及び、「共同体構成員の利益確保」が目標に加えられた。

共同体の構成員は、共同体を守るために物理法則や歴史の教訓、内外の警告を無視し、モラルに反し、時には法律に抵触した。内部は、官僚主義、秘密主義で硬直化し、自由な発想を制限し、共同体の意思に反したり、箴言したりする者は排除するようになり、自浄機能が弱まった。好ましくない情報は切迫感を無くしたり、留め置かれたりした。問題が明らかになっても、既得権と体制維持がなにより優先され、内部に波風を立てないよう、対策は前例に従って小出しにされた。事故の五年前、「事故時の避難対策を見直すべきだ」との原子力安全委員の意見に対する規制当局トップの「寝た子を起こすな」という発言は象徴的である。このような規制当局が放置されていたことは政治の大きな責任である。

経営の問題

東京電力をはじめ電力会社では、発電量に占める原発の割合が高くなるにつれて、社内で原子力部門が独立した大きな力を持って経営判断に影響を与えていた。役員はそれぞれ部門の利益代表であり、役員会の判断はボードとしてではなく、部門の意思を追認する場であった。勝俣前会長は事故後の記者会見で「わたくし共は、各部門にそれぞれ責任を持って業務を任せる経営スタイルを取ってきた」と述べている。

また、電力会社の本来業務を過度に外注し責任が分散。技術の空洞化、内外の監視セクションの無力化が行われた。既存の方針や計画、いままでのいきがかりに囚われて、根本問題の解決を先送りして、経済力をバックにした政治力で乗り切ろうとした。

経営トップがこれまでの原子力開発で積み重なってきた危険因子を認識し、惰性を断ち切るために「ちゃぶ台返し」をやる必要があった。しかし経営トップは、体制維持と前任者の方針を受け継ぐには誰がふさわしいかで選ばれ、根底から改革しようとする者は選ばれなかった。一九九三年に東京電力の荒木社長は、「普通の会社になろう」と全社に合理化の大号令をかけが、原子力部門の独立肥大化の弊害への認識は不足していた。

日本の大組織ではトップに立つ人々はそつなく状況を把握し、所属する組織のリスク回避に巧みである一方、権限、予算、人数、天下り先を拡大することに努める。電力会社では、入社早々に、現行の体制維持が最重要であることを教え込まれる。福島第一原発の事故の背景に見えるものは、国策として原発を推進してきた経済産業省などの官僚と東京電力の歴代の経営者が、体制維持にはふさわしかったが原発を扱うにはふさわしくなかったということである。

切磋琢磨ではなかった協力関係

本来は原発を手がけている九電力、日本原電、電源開発が協力し知恵を出し合って事故防止に努めるべきだったが、その協力体制は脆弱だった。電気事業連合会には原子力対策会議があり、九電力会社の副社長クラスがメンバーになって、その他の会社はオブザーバー参加していた。

会議では原発に関わるさまざまな問題について対応、対策が諮られ、分担なども相談された。その結果は社長会でオーソライズされ各社によって実行された。業界の自主規制を行う目的で電力各社やメーカーを会員とする原子力安全推進協会が設置され、各社の技術系職員が協会に派遣されて設備面から安全文化面まで幅広く自主活動が行われていた。

にもかかわらず福島第一原発の事故が起きたのは何故なのか。福島第一原発の事故に関して東京電力の旧首脳陣が被告となった裁判がいくつかある中で、地震に伴う大津波が来襲する可能性があるとの研究者の警告への対応について、東京電力、東北電力、日本原子力発電の担当者が互いに連絡を取り合っていたことが明らかになっている。東北電力や日本原子力発電はそれなりに津波対策を講じようとしていたが、東京電力は社内事情もあって当面対策の実施を先送りしようと二社を牽制していた。それに対して、二社は積極的に東京電力に対策を促さなかったばかりか、東京電力の意向を汲んでトーンを落としていた。

ここから類推出来ることは、三社の間には微妙な力関係があって正常な協力関係ではなかったということだ。東京電力は日本原子力発電の親会社であり、売電先でもあった。地域独占とはいえ東北電力と東京電力では経済力、政治力がまったく違う。二社は東京電力の意向で引かざるを得なかった。

　そもそも電力会社は長く地域独占をしてきたため、お互の事には口出しをせず、立場を尊重することが不文律であったはずだ。しかし、電気事業連合会が独占体制、総括原価方式など現在の体制、枠組みを守ることをより強く意識したため、さまざまな決定事項の実行を同調圧力によって行うようになっていた。

　原子力安全推進協会も各電力に指示をすることはなく、問題のあった当該電力会社に対してだけ改善要望内容を示し、他の社には抽象的な表現でどの会社の問題かをわからないようにしていた。情報開示に関してもメーカーへの配慮を求められた。自主規制の限界とも言えるが、これでは指摘された会社の改善の徹底は望めない。

4、事故後一〇年経っても変わらない東京電力

　福島第一原発の事故後、国から存続を許された東京電力は廃炉のための費用を原子力損害賠償・廃炉等支援機構に肩代わりしてもらい、事業収益の中からそれを返済していくことになっている。東京電力は収益の柱となる柏崎刈羽原発の六、七号機に集中して新基準適応申請を行い、原子力規制委員会か

ら合格を得た。再稼働には地元新潟県の了解が必要であるが歴代の知事は慎重な姿勢をとりつづけている。

そこに思わぬ事件が発生した。今年になって、東京電力の運転員が他人のIDカードで不正に中央制御室に入室したことが判明したのだ。東京電力の社員が自社の構築したセキュリティ対策を破ったことは外部の者が不正に入室したのとは質の違う問題だ。この社員には外部の者はダメだが自分たちはそこまでやらなくても構わない特権意識が感じられる。自分たちは安全についてはプロであり、基準やルールは十分に安全サイドに決めてあるから、少々のルール破りや応用動作は自分たちの判断でやってもよい、それより仕事が遅れたら大変だという思いが根底にある。これは過去のデータ改ざんや官庁検査受検の際の偽装など全電力を巻き込んだ過去の不祥事の動機に通ずるものだ。

次に原子力規制庁の抜き打ち検査で発覚したのが、テロ対策のために新たに設けた防護施設が長期間にわたって機能していなかったことだ。福島第一原発でも地震計が故障したままになっていて記録が取れなかったことが判明した。メディアがこぞってこれらの不祥事を取り上げ、国会でも小早川社長が陳謝した。新聞の記事には柏崎刈羽原発の問題について、「電力業界からは『度重なる不祥事を起こしても東電の企業風土や体質は変わらない』という厳しい声も聞かれる」とあるが、具体的に東京電力はどのような風土や体質なのか、何故そのようになったかを調べる必要がある。そうでなければ対策も決まらないはずだ。今回の不祥事について、私なりに推察をすれば次のようになる。

まず、セキュリティ設備や地震計が故障していたことを東京電力の担当者が知らなかった場合は、その設備の管理を子会社や下請けに任せきりであったことが考えられる。そうなると現場のことはなんでも子会社任せ、下請け任せにするという体質だということになる。もしかすると子会社もそうだったのかもしれない。東京電力の社員共通の考え方としては、「実際の仕事は請負先、委託先が行うものである。何かあれば彼らから言ってくるので、それを待っていればよい。こちらからは余計なことは言わないことが身の為だ」ということになる。

筆者の現場経験から推測すると、電力会社、特に原子力部門の過度の外注依存に問題があるのではないか。東京電力の社員は自分たちの仕事は監理業務であるという意識が役員から新入社員まで徹底している。福島第一原発の事故以前もそうだったし、今も受け継がれているのではないか。

「監理」は「管理」と同じ発音だが意味がまったく違う。監理は契約に基づいて外注先の企業が仕様書どおりにやっているかを確認し、もしそうでなかった場合だけ注文をつける。現場の下請けの作業員には直接指示をしたり、質問をしてはならず、すべて元請けの担当者を介さなければならないというやり方だ。これは労働安全法でそう書いてあるのである程度致し方のないことでもあるが、それをそのままにしてはいけない。

当然、現場に出る時間は少なく、事務所で報告を元請けの担当者から受けることで監理業務を行う。毎日打ち合わせや書類の確認、作成が忙しいので現場に行くのは立ち会い検査の時だけだ。現場のことは表面的にしかわからない。中身を上司や検査官に聞かれたら、そのまま請負先か委託先の企業に電話で問合わせるか回答を紙に書かせて答えるのが自分の仕事であると思っている。

担当がどこか明確になっておらず、誰かがやっているはずと思い込んでいる。自分の仕事だという意識がなければ、他部門のことには口出ししないのが賢明と思っている。上司に聞こうと思っても忙しくしているので邪魔をしたくない。あるいは請負先に急ぐ仕事を頼んでいるので、この件は後回しにしたいと考える。このようになることは容易に想像出来る。

次に、故障状態であることを知っていたとすると、放置しておいたことになる。何故放置したかといえば、「テロリストの侵入など実際には有り得ないが、警備はあくまで形式的にやっている」「原子炉安全とは関係が薄いのでテロ対策設備の優先度は低いものと認識していた」「業務が多忙で失念したが、いまから報告すると遅れたことが問題になりそうなので黙っていた」「故障したままにしておくのはこの現場では特に珍しいことではない」「何重にも警備しているのでひとつが故障していても大丈夫だ」「他の故障といっしょに修理を発注しようと思っていた」「誰も気づかないと思っていた」「知っていたが担当外なので余計なことは言わなかった」などの理由が考えられる。

今回の不祥事に関して思い当たる動機はこんなところだが、いくつかの動機が重なっているのかもしれない。このような調査分析がきっちり行われる必要がある。

このような考え方が社内で是認されていたとすると、それはトップの責任になる。また、先輩から脈々と受け継がれていたものであれば、遡って責任の追求がなされるべきである。新潟や福島にお詫び行脚にまわった小早川社長は「生まれ変わったつもりで改善に取り組む」と述べたが、まさに会社の歴史を一旦切るくらいのことをしないと治すことは出来ない。今までの第三者委員会などがそこまで立ち入らなかったのは、問題の本質を見抜けなかったか東京電力に遠慮があったと言わざるを得ない。

第二章
巨大組織は何故大事故を起こしたか

この章では東京電力のような巨大な組織が、巨大な組織ゆえのさまざまな事故につながる問題を内包していた事実に焦点を当てたい。このことについて東京電力を中心に分析すると、組織が巨大であることが利点ばかりではなく、極めて大きなリスクにもなったことが分かる。

福島第一原発が津波で非常用電源が浸水して使えずに炉心溶融を起こしてしまったのは、第一章で触れたように、東京電力の首脳陣が、研究者たちが警告した地震や津波をすぐには起きないだろうと決めつけ、建屋の扉の水密化、非常用電源の増強など可能な対策までを先送りしてしまったからだ。原発担当の役員は一五メートルの津波が来たらどうなるかのシミュレーションの結果を報告されながら具体策の検討を止め、土木学会に研究結果の確認をしてもらうという判断先送り作戦を採った。何故、首脳陣がそのような判断をしたか、その理由について関係者の証言は十分得られてはおらず、この判断に至る経過についてはいまだ解明すべき点が多い。

原発事故後に作られた各種の事故調査委員会の中で、事故を人災と決めつけ東京電力や監督官庁の組織の体質に踏み込んだのが黒川委員長率いる国会事故調だった。黒川委員長は報告書の英語版の前文だけに、「この事故は日本型災害」と書いた。また、規制当局が東京電力の「虜」になっていたとの指摘も行った。記者会見で黒川氏は日本人には言わずもがななのでそのことを書かなかったと答えている。

黒川氏の委員会での活動に対して、アメリカ科学振興協会から「科学の自由と責任賞」を、東京アメリカンクラブから「Distinguished Achievement Award」を授与された。その一方、ブルームバーグは社説で「国会事故調の報告書が極めて物足りないのは、福島で起きた惨事を文化がもたらした災厄と結論づけていること」であり、責任を日本の集団主義に帰するのは「責任逃れ」であると批判。フィナンシャル・タイムズは、「福島事故を文化的な文脈で説明しようとするのは危険」と疑問を呈した。さらに、英紙ガーディアンは「文化のカーテンの陰に隠れる国会福島報告書」と批判した。

判断を誤った組織の体質を論ずることは重要であるが、欧米メディアの指摘するように日本文化論にしてしまうと対象が拡散しすぎ責任もあやふやになる。かつて日本の原発関係者がチェルノブイリの事故を他山の石とせず、共産主義国家故の事故であることを強調しすぎた過ちを繰り返してはならない。社会体制だ、文化だと片付けずに、判断を誤らせる原因がいかに巨大組織の中で育ち、除去されることなく受け継がれてきたか、具体的にその環境条件や判断を誤らせるに至るメカニズムを洗い出してみることが大切であり、それが出来てこそ対策の方向性が見え、具体的に何をすればよいかが判るはずだ。

筆者がメディアの取材や講演で「電力会社、原子力界の体質が事故の背景にある」と具体例を挙げると、多くの人が「それは自分の所属する業界にもある話だ」と反応した。今回の福島第一原発の事故原因の背景を解明出来れば、それは日本の他の大組織にも適用出来るということだろう。

市電の事故の被害と新幹線の事故の被害を比較すれば明らかなように、強力なシステムを造ったときから、事業者は大事故のポテンシャルを抱えるということだ。だからこそ新幹線には強力なブレーキと凝った管理システムが備わっている。原発は原子炉に途方もないエネルギーを持っているため、事故が起きた場合は、火力発電所と比べると比較にならないほど広範囲に影響を及ぼす大惨事になる可能性がある。

この認識は原子力業界内部で早くから認識されていた。原子力の総本山ともいえる日本原子力産業会議（現在の日本原子力産業協会の前身）の初代事務局長であった橋本清之助は、黎明期の日本の原子力産業界において「われわれ原子力関係者は社会とファウスト的契約を結んだ。すなわち、われわれは社会に原子力という豊富なエネルギー源を与え、それと引きかえに、これが制御されないときに、恐るべき災害を招くという潜在的副作用を与えたのである」との言葉を残している。

1、システム巨大化の理由は「規模の利益追求」

産業革命以来、科学技術を活用したシステムは巨大化し続けた。それはシステムを大型化することでアウトプットを増大し、単位あたりのコストを下げて、企業間あるいは国家間での競争に打ち勝つためであった。発電所だけでなく溶鉱炉や船舶などの輸送機器の大型化もその例だ。

原発の場合、電気出力を決めるのは原子炉の熱出力だ。軽水炉は開発当初、原子力潜水艦用にコンパクトに設計されたが、陸上の発電炉となった後は、炉心に装荷する燃料を増やし出力を大きくすることで発電コストを下げた。

我が国の場合、原発建設に適した強固な地盤、低い人口密度の建設用の敷地は稀であり、そこを最大限有効に利用しようとし、その時代で最も大きな出力で設計することになった。狭い国土の我が国では土地は貴重だという認識が全体に行き渡っているからだ。

大出力にしたことは運転管理上のプレッシャーも発生させる。一基一〇〇万キロの原発ともなれば、突然の故障による停止は電力供給に与える影響が大きい。いかなる場合にも電力の安定供給をすることが最大の責務となっている地域独占の電力会社としては、原発が突然に停まっても消費地を停電させないようにバックアップ電源として水力や火力を準備しなくてはならない。また、収支に与える影響も大きいので、現場では大型原発を一日でも一時間でも長く運転したいと考える。安全最優先とは言うものの、電力会社の経営にとっては原発を停止させるかどうかは大きな判断にならざるをえない。

停めたくないという想いは、小さなトラブル発生が報告された時に原発の幹部に特に強くなる。発生を官庁や自治体に告げれば、停止するよう求められる。停止しなくてはならない時に原発の幹部の頭に浮かぶのは、稼働率の低下や年間発電量の減少、それに予定されている定期検査がいつから始まるかだ(近ければ停止して定期検査に入っても体制がある程度整っているから問題がないが、そうでなければすぐに手配をかけなくてはならない)。失われる電力は停止期間に出力を掛けたものなので、大出力の原発の停止は会社の収支に大きな影響が出る。

津波の研究者が一〇〇〇年前に大津波に襲われた跡が見つかったというだけで、直ぐに停止して津波対策をすることは電力会社の感覚では通常あり得ない。ただ、移動式の非常用電源を準備するなど簡単で費用もあまりかからない対策をとりあえずやっておくという知恵が何故出なかったという疑問は残る。一五メートル以上の大津波が来ることも十分考えられるので、応急措置だけはするという担当者の提案は地元などへの反響が大きいので出来ないと組織内で上位職者に一蹴されたのかもしれない。

巨大設備は建設に巨額費用と長い期間が掛けられている。強度などにかなりの余裕を見ていることも確かである。これを修正するにもまた巨額の費用と長期間を要する。そのため簡単で短時間の手直しは出来ないとの固定観念が邪魔をする。新たな安全な炉を考案しても巨額、長時間の壁が立ちふさがる。さらに現有のものが使えなくなると大損害につながる。したがって巨大設備は簡単に別のものに換えられないという十字架を最初から背負っている。巨大設備を改修するかどうか、それには経営トップの大英断を要する。

福島第一原発一～六号機は一九七一～一九七九年に運転開始したもので、二〇一一年時点で、一号機はまもなく運転開始から四〇年になり廃炉を検討する時期になっていた。海外では四〇年以上の運転例が多かったが、福島第一原発は出力も比較的小さくメンテナンスに手間がかかる。特に一～四号機はそう遠くない時期に廃炉となると見られていた。東京電力の首脳陣としては残りの運転期間の少ない福島第一原発に巨額の対策費を投じ、かつ運転停止による減収を伴う改修工事をするより、福島第二原発、柏崎刈羽原発や東通り原発の安全強化対策に当てたいと思っていた可能性はある。

2、システムが巨大であることから生ずる組織の問題

原発は原子力工学を中心とし、電気工学、機械工学、制御工学を含む総合的な科学技術システムである。建屋や水路があることから技術分野として土木建築を、原子力特有の放射線を扱うためその管理に関する技術も含まれる。原発の建設や運転に携わるメーカーや工事会社はあらゆる分野にまたがって多様だ。そのことがそのまま原発の組織にも反映されており、技術課（総括班と燃料化学班に分けられる）、発電課（日勤班と当直に分けられる）、機械保修課（原子炉班とタービン班に分けられる）、電気保修課（強電班と弱電班に分けられる）、土木建築課（保修課の一部の場合もある）、放射線管理課、事務課などが存在する。発電所員はそれぞれ「運転屋」「保修屋」「放管屋」「事務屋」などの屋号で呼ばれることが多く、現場間、建設部隊と運転部隊間、現場と本社間、電力会社と子会社（出向）間の異動はあるが、この屋号は終生続く。運転屋や放管屋などは公的資格が伴うのでさらに屋号との関係が濃密だ。各人は屋号内の閉じられた世界で過ごし、他セクションの状況は所内会議の報告の範囲で知りうる。定期検査中は運転と保修の連系が必要であり、特別に情報共有と調整のために、毎朝、関係者によるミーティングが行われる。

本社には原発を統括管理する原子力部門が存在し、建設計画がある場合は建設部門と運営管理部門に

分かれている。廃炉が行われている場合は廃炉部門も存在する。これらの部門内には通常、現場の各課に対応する課が置かれている。会社全体としては技術系には原子力部門と同格の火力発電部門、水力発電部門、送配電部門がある。事務系には営業部門、総務、人事労務、経理、資材、広報などの部門がある。別に研究所や研修所がある。メディアに一番登場するのは原子力部門の出来事だ。他の部門からは原子力部門が「別の会社」に見えるほど人事面や予算面で優遇されている。

電力会社の社員は原発の中央制御室で運転操作をする運転員を除いては、現場での実務は行わず主に管理業務に従事している。年間運営計画、予算計画などを策定し、それに従って発電とそれに伴う様々な業務をこなす。対本社、対官庁、対請負企業、対地元の対応、指示、折衝をすることが主な業務だ。そのためには技術技能に関する専門性を深めるより、幅広く知識を持つことが必要で、現場実務には直接手を下すことはない。その一方で原発の運営に関する法律やさまざまな社内規定に従い運用することが求められる。請負企業は元請と呼ばれ、電力会社は契約上、労働法上、その再請負企業とは元請企業を介してしか接することが出来ない。日本では電力会社社員が実務を経験する機会は極めて少ない。そのことがいざ事故になったときに弱点となって現れる。

原発のリスクを総合的に見ることができるのは、法的にも原子炉設置者としての責任のある電力会社の現場および本社原子力部門である。だが、前述のように巨大組織は専門分野毎に細分化されており、どの部署も総合的にリスクを捉えるのは難しい。あえて言えば現場においては技術課の総括班が、本社においては原子力部門を統括する課や原子炉を担当する課がプラント全体の安全を考えているが、発電所の技術課は所内各課を調整した結果をもとに本店、官庁、自治体と対応することが主な業務となっていて、現場を担当していないが多忙である。その業務にあたる人材は技術力より折衝能力、調整能力を優先して選任する。これは本社の原子力部門の筆頭課も同じである。原子炉を担当している課は原子炉を中心にその健全性確認や燃料の燃焼管理をすることが主な業務であり、建物や機器の耐震性は土木建築課や機械保修課が分担している。

各課の業務が細分化されており、どの課も当面の課題に追われ長期的な視点に欠けがちだ。機器の経年劣化問題には取り組んでいるものの、環境の変化や新たな知見にどのように対処してリスクを下げていくかについて十分な要員と時間が与えられているとは言えない。また、全体リスクに特化した組織もない。このようにプラントの全体的なリスクの再評価が、規制当局からの指示や外部からの指摘で受動的にしか行われないことが問題である。

3、巨大組織の弱点は全体のリスク管理が出来ないこと

巨大科学技術を扱う巨大組織は、次のような理由で全体のリスク管理に向いていない。

① 組織が大きくなり細分化されると組織の一部あるいは個人は、全体がダメージを受けるリスク（例

えば原発の過酷事故）の検討については、どこかの部門あるいは誰かがやっているはずだと考えるようになり、注意はもっぱら自らの責任範囲に絞り込まれる。与えられた業務課題に取り組むだけで精一杯になり、忙しくしていることで業務達成感を持つようになる。こうして総合的に原発のリスクの問題を考える時間を持たなくなる。

②設計、建設、運転とステージが進むにつれて原発の巨大システム全体を把握し、総合的にリスクを考える人、わかる人がいなくなる。電力会社だけでなく、メーカー内部でもその傾向がある。開発初期はそのようなリスクを気にしていたが、次第に意識しなくなる。かつて設計建設段階でそのようなリスクはしっかり検討されていたはずだということで、運転に入るとどのようなリスクがあるかに疎くなる。

③全体に係るリスクに気づいた組織の一部や個人も、その対処には自分の部門だけでは到底無理だと考える。対策実施に伴い現在の業務にさまざまな支障が出ることから、自分たちが困らないように実施に反対したり、先送りできないかと画策する可能性がある。実施には規制当局あるいは組織のトップからの指示が必要となることが多い。

福島第一原発の事故から三年半が経過した二〇一四年一〇月、巨大組織では全体のリスク管理が困難であることを裏付ける動きがあった。電力会社が共同で原発のリスク探索を専門的に行う機関「原子力リスク研究センター」を設立したのだ。規模は一一〇名で、各電力会社からスタッフが集められ、所長には米国原子力規制委員会の元委員でマサチューセッツ工科大学名誉教授のジョージ・アポストラキス博士を迎えた。

しかし、この研究センターがミッションを果たし次々に提言を出したとしても、それに各電力会社が素直に従わなければ意味はない。研究センターは東京電力を始めとする電力会社がスポンサーの研究所であり、いわば配下の存在である。この研究センターの成果を活かせるか、研究センターのスタッフのやる気を維持することが出来るかどうかは、電力会社そのものにかかっている。

4、巨大組織の置かれた状況がリスク管理にどのように影響するか

原発を運営する巨大組織は世界中で存在する。だが各国はそれぞれ固有の文化を持ち、政治体制、教育制度、雇用制度などもさまざまだ。その組織のありようは国によってかなり異なる。資本主義国アメリカのスリーマイル島原発はＧＰＵニュークリア社という民間企業により所有され、メトロポリタン・エジソン社によって運営されていた。

これに対してチェルノブイリ原発は、ソ連という共産主義国家で強大な権力のもとにノルマに追い立てられる国営企業がこれを運営していた。日本の場合、資本主義国ではあるが、原発は地域独占を許され総括原価で利益を確実に得られる電力会社によって運営されている。東京電力など日本の電力会社が

置かれていた状況が、福島第一原発の事故で指摘された問題点にどのように関係するかを明らかにする必要がある。

アメリカの原発を所有し運営する大小の企業が原発を運営する目的は利益追求であることは当事者たちにとって自明の理である。電気事業という公益性はあるものの、企業としては利益を上げて株主に報いることが純粋な資本主義国では優先課題である。メーカーのGEの幹部が、「原発の経済性は失われた」とあっさり認め、利益が上がらないとみるや電力会社はすぐに廃炉、建設中止という方向に向かう。

アメリカの露骨な金儲け主義は原発の運営に最小の費用で最大の効果をあげなくてはならないという緊張感を与え続ける。筆者が調査のために訪問した原発では定期検査中は所長・副所長を含むスタッフ全員を二班に分けて昼夜二交替で作業にあたって日本の半分の期間で定期検査を終えて再稼動していた。定期検査を短縮出来た場合はボーナスを出し、遅れれば保修課長が更迭されるというアメとムチが使われていた。日本ではここまでやらない。

このため原発を守るためにやらねばならない対策について徹底的な検討が行われ選別される。安易に予算をつけることはないが、一方、確たる理由もなしに対策を先送りしてしまうこともない。株主や消費者からも見せかけではなく実質的なものが求められ、これに企業も応えようとする。

津波対策、過酷事故対策、テロ対策を規制当局から求められた場合、アメリカの電力会社はどのような対応をしただろうか。経済合理性のある対策を考えて規制当局と交渉するとともに、もし経済的に合わなければ政府や他の原発に遠慮することなく廃炉を選択するかもしれない。このように経済原則に徹していた場合、他の要素が入り込む余地が少ない。

日本の電力会社は株式会社で建前としては利益追求を目的としているが、国策民営の枠組みの中で、準国産エネルギーの確保と地球温暖化対策のために国の政策である原子力開発を実行している。そのため国から多くの支援を得ており、その恩恵は電力会社自身のためと、電力会社に関連する多くの組織や個人のために使われている。各電力会社はその地方で経済界のトップであり、その経済力を背景にして政治力もある。その力が安全確保に役立つとは限らない。力があるために自らの存立基盤を守ることを最優先するなど、市場原理に基づく合理性、経済性に撤しない場合がある。それは独占、国の支援によって資本主義の本来の企業のあり方を曲げたために起きたのである。

このような状況で、福島第一原発の事故の原因である古い設計による不備や建設地点の海抜の問題、電気室が地下にあるなどの電源の弱点、緊急時訓練の中身について問題があると気づいても、社内で声を上げる可能性はあまりなかったと思われる。そのような問題を現場から拾い上げ、対策をするかどうかを決めるのは事故対応をする現場ではなく、遠く離れた本社の原子力の管理部門であった。

本社は一般的に現場より社外に対して視野が広く、また社内に対しても全社的な立場から考える傾向がある。経営首脳陣に近く権限も大きい。このことは全体のリスク管理としては望ましいが別の側面もある。本社は対策を実施することによる予算の確保、他電力への影響、規制当局への根回し、地元自治体や支持者に対してどのような説明をするか、マスコミ対策などを当然のこととして配慮する。今までやってきたこと、言ってきたことと今回の対策強化との整合性をどのように取るかに悩むことになる。なによりも社内でどうしても今やる必要があるという説明ができなくてはならない。長きにわたって放置してきたものを直ぐにやるということは事故事例でもないと出来ないものだ。他社の現場で事故を起こしたのを聞いて、「これで対策をやらせてもらえる」と密かに安堵の胸を撫で下ろすこともある。自ら非を認めて事を始めるのは大組織では困難なことだ。

5、国策民営方式の与えた影響

国と電力会社の関係は国内の電力の安定供給、準国産エネルギーとしての原発開発という公益目的で共通しており、他産業に例を見ない密接な相互依存関係にある。戦後、国は準国産エネルギーとして原子力発電が登場すると、一貫して電力会社のために技術導入のための外交努力、使用済み燃料の再処理に係るアメリカとの交渉、国内法の整備、研究開発予算の確保、建設資金の供給、有利な会計制度、原子力発電関連の法律の整備、推進側においた規制当局、用地の確保、地元に対する交付金制度、国立大学での人材育成、原子炉メーカーの寡占状態の維持など全面的な支援を行った。

ここまで依存関係が強いと「国対民間企業」という監督する側、される側の力関係が変化し、国が指導力を弱め電力会社が規制当局の指示内容に抵抗したり、極端な場合は「役所を虜にする」ことも起こり得る。もし、原子力開発計画が破綻すれば批判の矛先は経済産業省に来るため、電力会社になんとか計画の実施をしてもらわねばならず、電力会社の抵抗や要望に対して認めるしかない。互いに依存関係を深めた結果、検査での不具合が発生した場合や事故不祥事が起きた場合もその処置や処分に手心が加わることになる。

国策民営であることで、国と電力会社は組織として一線を画している。電力会社は電力の鬼、松永安左衛門以来の官の介入を嫌う方針を採って、法的に監督下にありながらも、経営方針、人事などに対する干渉をされないよう細心の注意を払っていた。経済産業省からの天下りは受け入れ（しばしば金融機関や商社を迂回して）、高額報酬を与えはしたが実権は与えなかった。政府出資で歴代社長が天下りだった電源開発ですら、プロパーの副社長が采配を揮っていた。もし、国営企業であれば経済産業省の意向が末端まで伝わり、絶えず本省の顔色を伺う組織であったにちがいない。

地域独占、総括原価方式という特権を持つ電力会社として国に経営を左右されまいとした行動が、却って国と企業という組織間の直接的な緊張関係を緩めてしまった。事故前、経済産業省の意向を体した原発稼動優先方針を受けた原子力安全保安院長は部下の意見を退け、自らも運命共同体の一員として東京電力の引き伸ばし作戦に協力してしまった。

組織は次第に当初のかたちや内容を変化させていく。その原因は環境への対応や内部の成熟である。

電力会社の場合、環境の変化は地域独占などでしっかりと防護壁が作られていたが、そのことが組織の内部の硬直化を加速した感がある。

一番の変化は組織の目的が各ステークホルダーに均等に恩恵を与えるのではなく、組織内部に最も多くの恩恵を与えることになっていったことである。組織の構成員や関係者の安泰が、電力の安定で低廉な供給に代わって主要な目的になったことで、自らの既得権益を護ることに汲々とした結果、重要なステークホルダーである地元住民や株主が原発事故によって大きな被害を被り、大需要家も一般の消費者も停電のリスクと電力価格の高騰に晒されることになる。

6、組織の拡大とその影響

電力自由化以前の電力供給体制は太平洋戦争中に作られた統制経済下での日本発送電という完全独占型の国営会社が、敗戦後に地域毎の九つの電力会社に分割されて独立したことからスタートしている。国の復興とともに電力会社は電源を水力から火力へとシフトし、経済の高度成長で急増する需要に対応するため設備を増強した。さらに一九七〇年代から各社は原子力部門を立ち上げた。そのために定期採用をして社員数を伸ばしていったが、経済成長に伴う需要増加が長く続いたため次第に対応が困難になり、社員数を増やさずに関係する組織の数を増やして、それを電力会社が支配するようになった。

具体的には電力会社の部門毎に現場業務を切り離し子会社化したが、その数は年を追うごとに増えていった。その数は東京電力や関西電力など大手では数十に及んだ。当初、子会社には実務経験が豊富な社員が出向あるいは移籍したが、彼らがリタイアしたあとに出向や移籍してくる電力会社の社員はすでに子会社が実務を担務していたために実務経験が乏しいままになった。業務の中心は子会社の地元定住のプロパー社員であったが、次第に子会社の再請負先（主に立地地域の地元企業）が固定化し、子会社からの受注によって成り立つ会社になり、子会社は電力会社と同じように管理が中心の会社となって現場の実務はさらに電力会社から離れていくこととなった。

子会社化した理由は「増加する業務」だけではない。まず、日本の製造業が生産性を上げて行くなか、電力会社も生産性向上を迫られた。電力の場合、社員一人あたりの電力生産量が指標として用いられ、現場の実務をアウトソーシングすることで社員数を減らし、見かけ上、社員一人あたりの生産量を容易に高めることが出来た。

次に、子会社化、下請化で安い賃金で労働力を使え、賃金だけでなく福利厚生の水準も低く、現場の事務所や現場の労働環境維持費、教育費についても社員に比較すると少なくすることが出来た。また社員数を抑制することにより、当時必ずしも他の一流企業並ではなかった電力会社の社員の賃金レベルを上げることが出来た。多くの大企業が都市部の本社や事業所と地方にある事業所の賃金に格差をつける二重賃金制を採ってコスト削減を行っていたが、電力会社もやや遅れて同じようなことになった。

高度成長期が終わり暫くすると団塊の世代が定年近くなり、退職後の大量の受け皿を確保する必要に迫られたが、子会社を増やし、その業務範囲を拡大することは好都合であった。五〇歳を超えた中堅管理職の多くが定年後の居場所を確保するために早期に出向し子会社へ移籍することが行われた。

子会社の社長をはじめとする役員は電力会社の役員や上級管理職が天下ってくる。それでもポストが不足して子会社をさらに分割したり、一部は独立系の大手工事会社や常駐する協力会社に天下った例もある。若手や中堅クラスを一時的に子会社に出向させることは、現場を知り、より多くの部下を持ち、外部から会社を見る絶好の機会ではあったが、原則数年の出向だったため、それほどの効果は上げることはなかった。

定期検査では短い期間に大量の人員が必要になるなど、労働需給の変化に対応する必要があるが、子会社の下請け、孫請け企業の存在は好都合であり、これによって繁忙期に他の発電所や本社からの応援も必要性がなくなった。

現場の実務を子会社に任せて切り離すことは、労働組合が抱えていた問題の解決にも資することとなった。最初に切り離されたのは自動車運転手、守衛、監視員といった「特業職」と呼ばれた職種の人々だった。当時、彼らは電力会社の給与体系や労働条件では馴染まなかった。そのため、交代勤務や長時間労働の特業職専用の賃金体系や労働協約が必要となり、会社側のみならず組合側もこの扱いに苦心していた。

戦後まもない時期に厳しい労働争議を経験していた電力会社は、穏健で協力的な労働組合を育てることに成功しつつあったが、この問題は残された課題でもあった。現場的で特異な業務の子会社化あるいはアウトソーシングは労使双方にとってメリットが大きく、子会社の社員たちも親会社の労働組合が加盟する電力総連に囲いこまれた。守衛業務、自動車運転業務などに続いて、給水処理装置や海水取水装置などの運転補助業務、メンテナンス業務、放射線測定業務、入退域の管理業務、除染業務、放射性廃棄物処理業務、図面等維持管理業務、一般見学者の案内業務へと拡大が図られた。

子会社化など一連のアウトソーシングは電力会社の情報把握やトップの経営判断に影響を与えた。なぜなら長期にわたって安定的な処遇を与えるのと引き換えに、決定的な上下関係に従い、忠実に指示を守って実務面で電力会社を支える大集団が形成されたことで、他に例を見ないほどの強固な運命共同体が原発の地元に形作られたからである。

数十年間の間に、反対派は完全に押さえ込まれ、福島第一原発の事故前には全国どこの立地地域でもごく一部の反対派が存続するだけで、国道沿いの朽ち果てた「原発反対」の看板がわずかに昔、地元にも反対運動があったことを示すような状況だった。地元では原発に関して説得や説明の必要がない住民と地方議員が多くなり、疑問や反対の意思を表示するのはかなり勇気のいることになっていた。共産党など一部を除き、選挙公約で原発は一切触れられず、議会説明、住民説明もほとんど形骸化していたのである。地元の町長選挙の立候補者は原発共同体のメンバーの支持を受けることが当たり前となった。

子会社、地元下請け企業の大集団の支持母体の出現は、電力会社に住民という緊張感のもとになる存在を失わせることになった。福島第一原発の事故後でさえ、避難した人の多くが、本人か家族、友人が原発となんらかの雇用関係や取引関係を持っていたため直接的に東京電力を非難する声は抑えられた。

子会社化は主にコスト削減と労務管理が理由であったが、結果的には立地地域の安全に対する緊張感や、安全に関する地元自治体、住民への科学的、合理的説明を尽くす努力を省かせることにつながった。多くの地元住民は、「会社がやっているのだから」と無条件に安全性を信頼していた。母親が子供のことを理屈なしに信頼するようなもので、福島第一原発の地元でもそうだった。東京電力の経営陣がなんらかの経営判断の下に政策を決定する場合、地元住民を気にしなくてはならないというブレーキの一つが甘くなっていたことは否めない。

7、共同組織の拡大とその役割

電力会社が新たに原発を電源に加え組織がさらに拡大するなかで、各社共通のニーズを事業目的とする数多くの企業、機関、団体が作られ、現在もその多くが存在している。それらは事業目的により大きく分けて次のように分類される。

①原子力発電を行う企業体

電力会社は原発の導入に際して国に支援を求める一方、電力事業への国の過剰な介入をさせないよう各社の出資で日本原子力発電を設立した。これにより、国策民営のスタイルが確定し、通産省、文部省など各官庁の原子力に関する縦割りの権限も作られた。同社には各社から技術者が出向し、各社の原発建設開始の準備としての幹部技術者の育成の役割を果たした。同社はガス炉に続き我が国初の軽水炉を建設し当初の役割を終えたが、解散や分割はせずにプロパー社員を増やして卸電力として存続。近年は各社に先駆けて廃炉を手がけている。高速増殖炉「もんじゅ」の建設、運転などへの電力会社の支援窓口、ベトナムの原発のフィージビリティスタディの実施主体になり、国の直接的な関与を防ぐ役割を果たしている。同社は創立以来、今日に至るまで五〇年以上、株主（東京電力が実質親会社で、株式のほとんどを電力会社が保有）に対し配当していない。

②原子力発電のフロントエンド・バックエンドを行う企業体

フロントエンドとは原発で使う燃料を製造するためのウラン鉱石の採掘から濃縮、成形加工などの前工程を、バックエンドとは使用済み核燃料を含む放射性廃棄物の処理処分、廃炉工事など後工程を指す。フロントエンドは電力会社とメーカーが出資した海外ウラン資源開発（株）、関西電力系の日豪ウラン資源開発（株）、三菱重工傘下の三菱原子燃料（株）、旧財閥系の原子燃料工業（株）、ジェー・シー・オー（株）があり、バックエンド領域については、原発と同様に国の関与を減らすため、電力会社が共同出資して日本原燃（株）、原燃輸送（株）、（財）原子力環境整備促進・資金管理センター（原環センター:RWMC）、原子力発電環境整備機構（NUMO）、リサイクル燃料貯蔵（RFS）を設立した。電力会社一社でこのような事業を行うことは、立地の上でも、経済性の上でも技術力の上でも困難である。これを支える膨大な運営費用も使用済燃料の処理費として前払いされ、各社が分担している。また、運営資金を金融機関から借りる際にも、裏保証を電力会社が行っている。

③原子力関連の調査、研究開発、教育訓練、原子力発電の広報活動を行う機関、団体

電力会社は原子力に関連して各社のニーズが共通する研究開発、海外調査、運転員の教育訓練、広報事業をそれぞれ専門の組織を作った。（財）電力中央研究所（CRIEPI）、海外電力調査会（JEPIC）、（株）BWR運転訓練センター（BTC）、（株）原子力発電訓練センター（NTC）、（社）原子力安全推進協会（JANSI）、日本原子力文化振興財団（JAERO）などであり、事業の受注先はほとんどが電力会社となっている。

電力会社につながりのある専門家集団を作ることで、多くの学者や研究者を共同体に取り込み、同時に海外の原子力機関、団体などのカウンターパートとした。関係する政治家、国や自治体の行政官、学者などへの情報提供、海外視察の際の支援もこれら組織の役割である。

運転訓練センターでは、原子炉メーカーの協力のもと、シミュレータなど各社が巨額投資を重複する

ことを防いだ。また、教官の確保など人材面でもメリットがあり、統一的な訓練や他社との実力比較など安全面で貢献した。

④原子力関連の政策推進を行う団体

電力会社は原子力開発を進めるために、原発に対して優遇策を取るように政府や政党に働きかけた。電力会社は既存の電気事業連合会（以下、電事連）に原子力部を設けるとともに、日本原子力産業協会（JAIF）の大スポンサーとなっている。電事連が活動に使う資金は潤沢で、直接株主や消費者に繋がっていないため、事業内容や収支を公開せずに済むので盛んにロビー活動などを行った。政党、官庁、自治体、財界に対してあらゆるチャンネル、人脈を駆使し活動を展開した。また、批判的なメディアを含め、主要なメディアを原発容認に転換させるべく巨額の広告費を支出し、各メディアのトップへの働きかけを強力に行った。

電事連は所管官庁、監督官庁に対しても国の方針や計画に対し電力業界の立場で意見を具申し、要望を通そうと働きかけた。電事連の原子力対策会議では業界内の意見調整、統一が行われ意見の取りまとめがされた。これにより各電力会社の意見をワンボイスとするとともに、内部での逆らう動きやぬけがけする動きを制した。また、この場を利用して共通組織や統一行動に係る各社の費用分担や派遣要員、獲得ポストの調整決定も行われた。

電事連に各社から派遣された者は経営の一端を担っているとの意識で、政府や政党、自治体などの動きや他電力がこれにどのように対応しようとしているかなどの情報を出身母体に送る重要な役割を果たした。各社はよりすぐりの人材を派遣し、電事連派遣は東京支社勤務と同様に、役員への登竜門となっていた。

原子力に関連するほとんどの企業、団体の集まりである日本原子力産業会議（現在の日本原子力産業協会）は、その生い立ちが電事連とは異なっていた。発足時に「国民の視点での原子力推進と監視」を標榜していたため、電力会社からみると多額の会費を払いながら必ずしも電力会社の意思通りの動きをしないために、電力会社の中には会議の活動内容やプロパー職員の姿勢を批判的に見る向きもあった。そうしたことから、福島第一原発事故の数年前に、日本原子力産業会議は日本原子力産業協会となり、東京電力から実質時な経営者と幹部が送り込まれ、発足当時からいた専務理事は去り、従来、学会から迎えていた会長の代わりに元経団連会長が就任した。再出発した後は、各地の支部的な組織や外国の団体機関との関係を引き継ぎつつも、電事連と同様にほぼ完全な業界団体になり電力会社の代弁者となった。

電力会社や子会社の労働組合が作った電力労連（後の電力総連）も大きな存在である。労働組合の幹部は原子力推進という立場で経営陣と手を携え、労働組合が推す革新系政党を通じて国の原発推進政策に影響を与えた。経営者と保守系政治家に対しては電事連が、連合に所属する労働者と労働組合出身の政治家に対しては電力労連が、電力会社の意思を伝える二つのルートとして存在した。

　電力会社が共同で作った原子力に関連する組織は、それぞれ定款や設立趣旨に定めてある目的を果たすことで電力会社の原発推進を支えるとともに、役所の外郭団体のように、電力会社の役員や職員の天下り先としての役割を持つようになり、後には関係する国や自治体の行政官、金融機関役員、学者たちの天下り先ともなった。天下った者の役割は現役からの情報聞き出しと電力会社の意向に沿った影響行使である。電力会社は共同体を次々に膨らませ国や地域も含めた関係者の取り込みを図る環境を整えていった。

　また、電力会社社員の中にいる良い意味でも悪い意味でも異色の人材を異動の折に共同組織に出向、転籍させた。そうすることで本人が活躍の場を得ることや原発反対派に取り込まれないように体制の中に囲い込む効果も期待できた。

8、共同組織の存在と経営判断への影響

　共同組織の存在は、電力会社の首脳陣の判断に影響し、特にトップ企業である東京電力の場合は福島第一原発の事故に繋がった。

　戦後、日本は高度成長を遂げ電力需要が急伸したが、中でも大都市圏に需要家を持つ東京電力、関西

電力、中部電力は販売電力量を年毎に高めて行き、他の電力会社を売上高、設備容量、子会社も含めた社員数で大きく引き離し御三家と呼ばれるようになった。近年、特に東京電力が経済、人口の首都圏集中の影響で電力業界ではずば抜けた存在となっている。

電事連をはじめとする共同組織の人事、運営に関しては、当初から東京電力の存在が大きかったが、その後、共同組織に対して電事連比率（電力会社が共同で事業を行ったり、費用を出す場合の各社の割り当て比率のこと）で一番金を出す東京電力が支配力を強め、多くの共同組織でトップの座を東京電力の役員や元役員が占めるようになり、そうでない場合も専務理事や事務局長といった実権ポストに部長クラスの人材を送り込むようになった。共同組織の役員クラスは元の電力会社の経営経験者であり、電力会社の役員や役員経験者と知己であることが多い。

電事連会長、同原子力部長、日本原燃社長、日本原子力発電社長（あるいは会長）は、東京電力の指定席であった。その他の共同組織のトップ、あるいは実権を持つ専務理事、事務局長などにも東京電力あるいはその息のかかった人を就かせている。

我が国の原子力関連産業のほとんどが参加する日本原子力産業会議は、大きな組織としては唯一東京電力色が薄かったが、二〇〇六年に協会と名称を改めるとともに理事長に東京電力元副社長が就任し、一気に東京電力が強まった。この時点で東京電力は原子力界をほぼ完全に掌握するようになった。

この状況は各電力会社の原子力に係る経営判断に大きく影響を与えた。各社は徐々にではあるが、電事連や日本原子力産業協会で決めたことに従って行動し、独自性を出すことが難しくなった。逆に社内向けには電事連で決めたことであるからやらざるを得ない、あるいは電事連で了解を取るまでは自社だけ勝手には出来ないという主張が社内で通用するようになった。

かつて国より耐震性能の向上を求められた際、各社が六〇〇ガルと決めようとしていたのに対し、中部電力は浜岡原発について経営判断で一挙に一〇〇〇ガルを打ち出した。これは当時、電力各社からは驚きをもって受け止められたが、このようなことは珍しいケースであったからである。重要なことは、浜岡の事案が例外的だということだ。電事連の縛りは、民間による護送船団方式であり、一番速度が遅い船、すなわち資金、人材などの都合で対応が一番遅れる電力会社に合わせるような配慮がされ、あまりにもスピードが早い会社は待たされることになった。結果的には安全確保のための行動が遅れることになる。

原子力に関する規制のやり方、あるいは支援内容について、電事連は電力会社の要望を一本化してくれ、さらにその計画や実施について会員である電力各社に確実に実行させてくれることは国にとって都合のよいことであった。逆に電力会社は国に対して強くものが言えるようになったということだ。

東京電力が共同組織の多くを掌握し名実ともに原発業界のナンバーワン・プレイヤーとなったことで、リーディングカンパニーとしての権威を持っていたが、反面、それなりの悩みがあった。

裸の王様に

リーディングカンパニーは常に他の会社から意向を伺うことはされても、忠告を聞くことが少ない。共同組織は東京電力の意向を気にしながら、なんとかその存在を続けることにこだわった運営となり、本来の機能が果たしづらくなった。東京電力に面と向かって批判はせず、東京電力は外から大事な忠告や東京電力の耳障りになるような情報を聞くことが出来なくなった。

負担の増大

リーディングカンパニーはさまざまな期待をされ、東京電力の負担を増大させた。原子力業界には各社で資金や費用、あるいは人材を派遣しなくてはならないことが次々に発生したが、リーディングカンパニーは、その負担について一番に手を挙げなくてはならない。電力業界で、あるいは原子力業界で東京電力はそうすることが当たり前だという暗黙の了解が徐々に広まった。

東京電力は莫大な売上と利益を誇っていたが、原発の度重なる事故や改良工事のための投資、原子力部門のための共同組織の維持にかかる費用や人材派遣は膨らみ続け、福島第一原発の事故前にはさすがに社内の他部門からの厳しい視線を浴びており、経営陣もこれに頭を痛める状態だった。特に六ケ所村の日本原燃再処理工場の完成が幾度となく延期され、日本原燃に歴代社長を送り込んでいる東京電力としても、資金や人材の供給について他電力に付き合って貰っているという負い目があった。原子力部門の運営は内外からの強い圧力がかかっていたのである。

リーディングカンパニーとしての面子

リーディングカンパニーは実際の業績に関しても圧倒的に一位である必要がある。しかし、東京電力の原発は数でこそ一位であったが、運用成績はそうではなかった。福島第一原発の事故前の各原発の稼働率を比較すると、上位にはＰＷＲを採用した関西電力、九州電力などが並び、東京電力のＢＷＲはその後塵を拝していた（図2）。さらに、電力業界を震撼させた事故隠しなどの一連の不祥事は東京電力の福島原発をきっかけとして次々に広がったものであり、東京電力はこのことで歴代三人の社長を引責させている。これ以上他電力に迷惑となることは東京電力としてもなんとか避けたい、逆になるべく早く実績でナンバーワンであることを示す必要を感じていた。

原子力安全・保安院から日本海溝で発生する津波の対策を出すよう迫られていた東京電力（福島第一、第二原発）、東北電力（女川原発）、日本原子力発電（東海第二原発）のうち、日本原子力発電は海水ポンプを津波から守る囲いや建物の水密化、さらには非常用電源を高い位置に設けるなどの当面の措置をする計画を経営が決めた。そのことは親会社である東京電力の担当部門は当然知らされていたと思われる。しかし、それと同様の対策をすることはリーディングカンパニーの面子があって出来なかった可能性がある。

図2　過去10年間平均設備利用率ランキング

1997年度～2006年度運転期間10年未満の4基を除く

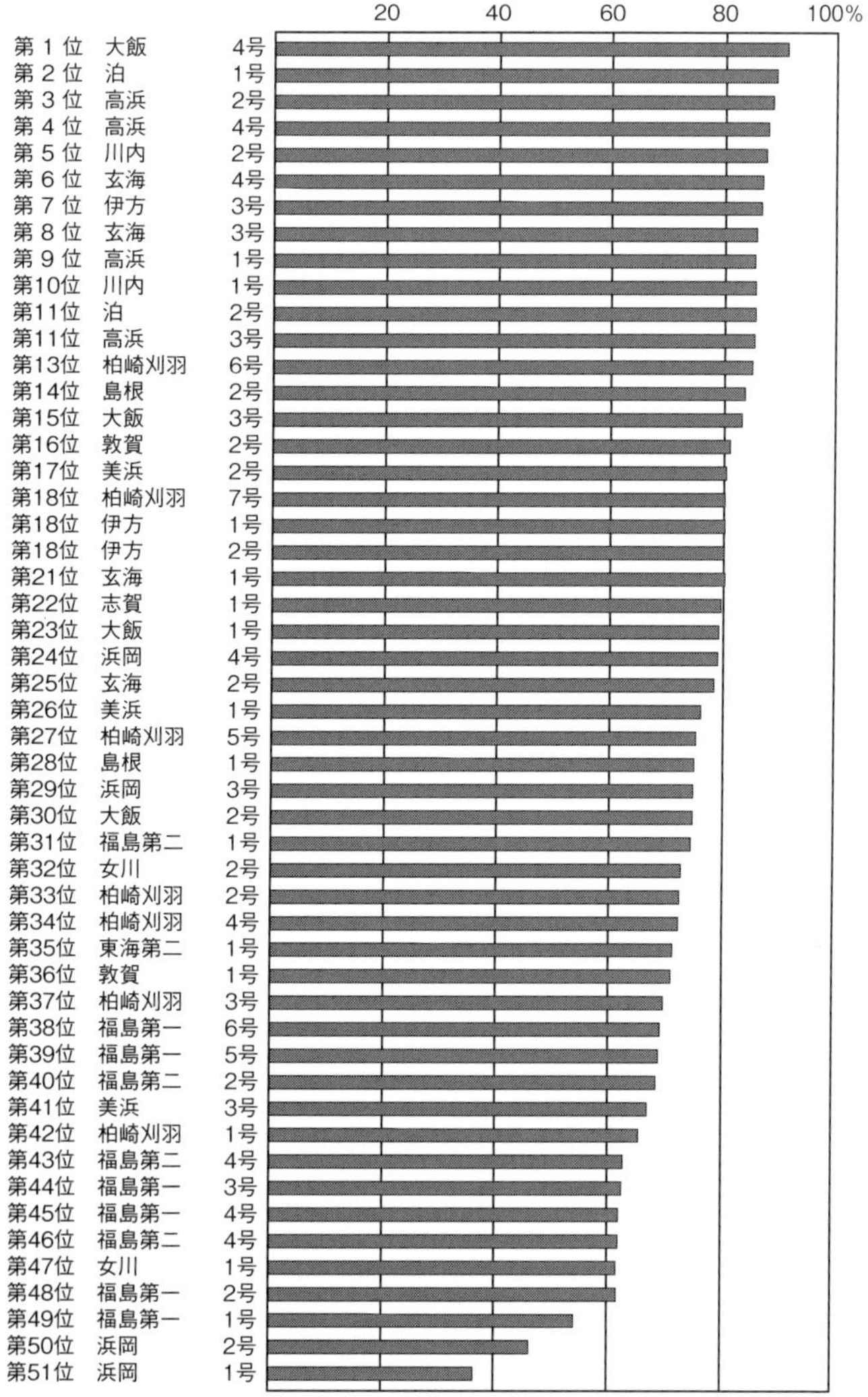
20
40
60
80
100%
第１位　大飯　4号
第２位　泊　1号
第３位　高浜　2号
第４位　高浜　4号
第５位　川内　2号
第６位　玄海　4号
第７位　伊方　3号
第８位　玄海　3号
第９位　高浜　1号
第10位　川内　1号
第11位　泊　2号
第11位　高浜　3号
第13位　柏崎刈羽　6号
第14位　島根　2号
第15位　大飯　3号
第16位　敦賀　2号
第17位　美浜　2号
第18位　柏崎刈羽　7号
第18位　伊方　1号
第18位　伊方　2号
第21位　玄海　1号
第22位　志賀　1号
第23位　大飯　1号
第24位　浜岡　4号
第25位　玄海　2号
第26位　美浜　1号
第27位　柏崎刈羽　5号
第28位　島根　1号
第29位　浜岡　3号
第30位　大飯　2号
第31位　福島第二　1号
第32位　女川　2号
第33位　柏崎刈羽　2号
第34位　柏崎刈羽　4号
第35位　東海第二　1号
第36位　敦賀　1号
第37位　柏崎刈羽　3号
第38位　福島第一　6号
第39位　福島第一　5号
第40位　福島第二　2号
第41位　美浜　3号
第42位　柏崎刈羽　1号
第43位　福島第二　4号
第44位　福島第一　3号
第45位　福島第一　4号
第46位　福島第二　4号
第47位　女川　1号
第48位　福島第一　2号
第49位　福島第一　1号
第50位　浜岡　2号
第51位　浜岡　1号

福島第一原発の事故の数年前、外注依存があまりにも過剰になり弊害が目立つため、日本原子力発電では一部のメンテナンス工事を外注に依存せず電力会社の社員だけで行う、いわゆる直営工事に挑戦することにした。そのことを東京電力に伝えた時の反応は、「日本原子力発電が直営をやることに東京電力として異論はない。しかし、東京電力としては、社員の仕事はあくまで監理業務と考えているので、直営をやるつもりはない」というものだった。その時もプライドの高い東京電力らしい反応だと思ったものだ。

リーディングカンパニーであることの不自由さ

リーディングカンパニーはその圧倒的な力で自らの都合で物事を決められる反面、他社から苦情や不満が出ないような配慮も必要で、絶えず優等生を演じなくてはならないつらさもある。そのことは経営判断が外部を気にしながら行われることを意味する。原子力界のあらゆるところで君臨しているということは、ダイナミックな経営、本来の合理的な経営がしにくい状況になってしまったということだ。

東京電力が産総研の研究者から大規模な津波の可能性があるという指摘を受けた際にも既に多くの問題を抱えていた。柏崎刈羽原発の地震による長期停止で原発の稼ぐ力が削がれたことが財務諸表に悪影響を与えていたことに加え、電事連をリードする立場としては核燃料サイクルの問題をなんとしても突破しなくてはならない状況にあった。

当時はもんじゅが運転再開の見込みが立たず、各社は再処理したプルトニウムを既存の原発で消費することにした。関西電力がこの計画の先頭を走っていたが、燃料加工の委託先のイギリスの製造工場でのデータ改ざん問題で挫折し、東京電力の福島原発に国や業界の期待が集まっていた。東京電力はプルサーマル実施について地元自治体の了解取り付けを目指したが、県知事が先の情報隠蔽問題で東京電力に不信を抱いていることがハードルになっていた。東京電力は双葉郡の全町村にプルサーマル実施を認めるよう県に働きかけてもらう作戦をとった。それがようやく実を結び県の了解も見えてきたのが当時の状況であり、ここで津波対策を持ち出せば、せっかくのプルサーマルの地元了解が取れなくなる。また、津波の問題はどこまで対策に踏み込むかについて全電力会社の意思統一が前提であり、影響力の大きい東京電力だからこそすぐには踏み切れないものであった。

事故後、東京電力経営陣の責任を問う裁判や検察審査会の強制起訴問題で当時の経営陣が津波の危険性をどの程度認識していたかに注目が集まった。だが、彼らがそれを認識していたとしても、右に述べたような状況では津波対策を先送りしただろう。東京電力は東北電力に対して、原子力安全・保安院に対する津波対策報告書の内容を後退したものにするように依頼し、そのとおりにしてもらった。東京電力は津波対策の必要性を十分に認識していたが、その時はやりたくなかったのだ。

9、組織の置かれた立場や社風による経営判断の違い

東京電力の子会社であった日本原子力発電の東海第二原発は、緊急の津波対策を行って大津波による過酷事故を辛うじて免れた。何故、経営陣は津波対策を実行するという決断をしたのかを考えてみる必要がある。

日本原子力発電は東京電力の実質子会社であるが組織としては随分と違う面があった。東京電力が原子力以外に火力、水力の電源を有し、大規模な送配電部門を持つ会社であるのに対して、日本原子力発電は原子力専業の発電会社で、茨城県の東海原発と福井県の敦賀原発合計四基を運営し、電力会社に売電している。売上高や設備規模など公表されているデータ以外での両社の違いは、次のようなものがある。それが経営判断に影響したと考えられる。

①所有する原発が東京電力の一七基に対して三基（もともと四基だが、うち一基＝東海原発は当時廃止措置中）であり、本社と二箇所の現場はほぼ人数が同数。したがって対策も「東海第二」のみであった。

②日本原子力発電は東京電力ほどには政治的な力がなく、地元の茨城県の指示や要望に抵抗する力は弱い。現場は地元自治体の要請に従うことを本社に強く求めざるを得ない。本社は津波対策にかかる費用や東京電力など他電力に対する配慮も必要ではあったが、現場の地元自治体の要望に応えなければ今後の運用が極めて厳しくなるという強い危機感があった。

③原子力発電のパイオニアとして、会社設立から社内に技術的課題に対しては、上下関係を超えて自由な議論をする社風があり、電力会社の先陣を切って難しいこと、新たなことをやることが会社の使命であるとする考えが根底にあった。対策についてもメーカーやゼネコン任せにせず自らも考える傾向がある。東京電力のように電力界のリーダーというプレッシャーもなく、小回りの効く立場にあった。

④地元の東海村の村上村長はＪＣＯの燃料加工工場の被ばく事故以降、原子力施設の安全に対して厳しい姿勢で臨んでいた。茨城県としても、安全に関しては電力会社の説明をそのまま受け入れることは出来ない地元状況となっていた。ＪＣＯの被ばく事故のインパクトは茨城県では決定的であった。

⑤福島の場合と比べ東海は津波の想定が低く、比較的短期間に防潮堤かさ上げを済ませることが出来た。卸電力であった日本原子力発電に対する電力料金引き下げ圧力は間接的であり、電力会社に対する基本契約で財政的に守られた存在であった。

巨大組織が国や自治体を操るまでに政治力を持つことや、社内に強大なヒエラルキーを構築することで下部組織からの声が遮断されること、業界で圧倒的な地位を築くことで社員の危機感が薄れること、業界での地位に執着することなどが、大事故を起こす経営の判断ミスにつながるのではないか。東京電力と日本原子力発電の組織体質の比較からそういったことが推測出来る。

10、巨大組織におけるトップの選び方と経営判断への影響

巨大組織における経営トップの選抜方法は経営判断に影響する。電力会社、原子炉メーカーにおいては原則としてプロパーの役員の中から次期社長が選ばれる。副社長が社長に上がる場合もあるが、副社長が社長になれない人材の最終ポストとなっていると、常務や取締役から選ばれる。多くの場合、社長が会長職に就き、会長は相談役になることが慣例となっている。電力会社の場合は地域の経済界ではその存在の大きさゆえ、地方の電力会社の会長は地域の経済団体のトップの座に着くのが慣例である。相談役は後に特別顧問などになる。社長経験者は外部の団体などの常勤の要職に就かなければ、これまで同様に運転手付きの社有車や専属のハイヤーで出社し、個室の役員室で1日を過ごすことが多い。

社内における最高権限者である社長を選任するのは正式には取締役会であり、その後に株主総会議案となる。しかし、実際には次期社長は現社長が指名する場合がほとんどあり、社外役員や大株主への根回しが済んだあとの取締役会や株主総会での決定は形式的なものになる。

次期社長の条件として巨大組織を守って行ける管理能力が優れていること、社内の人望があること、これまで業績に顕著なものがあること、これからの大きな課題に対する解決能力があることなどが基本条件だが、そのほかにも大事な条件がある。それは従来の会長、社長が採ってきた方針を継続してくれ

ること、自分を含め自分の部下であった役員などを今後もきちんと処遇してくれることだ。これを歴代社長がやると、要は世代が代わっても従来の経営方針を頑なに変えない組織となる。社長が会長、相談役、顧問になっても、いつまでも経営を握っているとおなじことになる。電力会社を取り巻く外部環境が大きく変化した時代においては中興の祖と呼ばれるような傑出した社長が出るが、その場合は本人が社長や会長を降りても長く院政を敷くことになる。

電力会社にこのような社長選出方法が定着したのは、電力会社が地域独占による超安定企業であるからだと考えられる。巨大化し安定すれば自ずと保守化し経営判断は慎重になる。先輩から引き継いだものを大切に、失点を最小限にしようとする。電力会社のような安定性を最も大事にする企業では、先に示したような条件で次期社長を選ぶことがふさわしい。

こうしたトップの選び方が何をもたらすのか。それは経営方針の継続性であり、社内風土の引き継ぎである。この傾向は伝統的な巨大組織にしばしば見られることだが、特に電力会社では共通している。原発関連で言えば、国や地元を納得させるための耐震性の向上、難航する使用済み燃料再処理事業を支えること、プルサーマル計画によるプルトニウム減らしなど、たとえ負の遺産であったとしても大きな方向転換は出来ない。前任者の失策ややり残した仕事をなんとか破綻させずに持ち越すことなどが、今後を任された新社長のやることだ。自分を選んでくれた先代社長をはじめ先輩役員が期待をかけて見守っている。新社長は彼らを心配させず、その期待に応えることを一番に考えなくてはならない。

社長の正式名称は代表取締役であるが、文字通りその組織が持つ特質の体現者と考えられる。企業が不祥事を起こすなど体質の大改革を迫られた時、異業種から社長を迎えるのはそのためである

11、巨大組織における意思決定

巨大組織での意思決定の方法は稟議書、常務会、取締役会、株主総会などがあるが、大事なことはそれらの場面では既に結論が出ており、追認ないし外に見せるための仕掛けでしかないということだ。重要な議案は部長など起案者、提案者によって会議のメンバーにいわゆる「根回し」が行われ、実際の稟議持ち回りや取締役会など表の場は、自由に討議をするところではなくなっていることだ。株主総会の場合は金融機関など大株主には内容が事前に説明されている。質問なども与党の国会質問のように議案に対する賛成演説、あるいは補足説明を引き出すものとなり、反対意見は出ないのが普通である。監査役などの発言も少なく、あっても「念のため」と断ったうえでの発言が多い。

その根回しは通常、取締役、常務、副社長、社長と順を追ってされるが、場合によっては担当常務立ち会いの元でいきなり社長に行われる場合もある。そうなると副社長以下は「社長はこれについて了解されています」「これは社長の直接の指示で」というセリフを聞かされて「そうか、わかった」としか

言いようがなくなる。

了解するのが社長でなく会長、相談役、顧問になる場合もある。こうなると社長でない者が実権を握ってしまい、社長は権力者の政策を遂行する役割でしかなくなる。そのことが内部、外部に知れてしまった場合、政治家、官僚、自治体の首長、地元の有力者、メーカーのトップなどは、しきりにその実力者とのパイプを太くしようとする。

役員会は本来、各業務執行部門とは切り離して全社的観点から物事を判断する存在だが、電力会社では役員が○○担当という肩書きのついた辞令をもらって各部門の利益を代表する形をとっているところが多い。例えば、「常務取締役原子力本部長」という形だ。会議では各部門の部長が提案説明をするが、それを支援するのが担当常務あるいは担当取締役だ。これに対して他の役員は自分の専門外であることもあり、また別の会議では自分が逆の立場になるため、異議を申し立てたり厳しい質問をすることは控える傾向がある。既に根回し段階で物事は決着している。起案部門に言わせれば、根回しの時点で意見を言えということになる。

巨大組織は例外なしに中長期計画、それを各年度に落とし込んだ年度計画によって事業が運営されている。それにともなって事業予算も全体予算とそれを各年度に分けた年度予算として決定される。その執行について諮る場合は比較的スムースである。既に事業計画、年度予算の攻防で決着がついており、環境変化のみが問題となるからだ。しかし中長期計画、各年度計画、年度予算に載っていない事業を起案した場合、それなりの理由を説明しなくてはならずやっかいだ。提案理由は現場の事故、法律の変更、監督官庁の行政指導、地方自治体や住民の要望、他社と横並びの必要性などとなる。

実際のところ、計画外・予算外のハードルはかなり高いので、提案あるいは実施の「来年度まで先延ばし」「別の方法の検討」「様子見」「準備だけを予備費でやる」などの選択肢を担当部門が選択する可能性も高い。組織にとって大事な懸案でも、担当役員に話はするが、担当部門で温め続けて根拠を収集し、根回しが終わるまで役員会の議案にも上がらないものもある。

計画外は現場に大きな負担が発生することも悩ましい問題だ。逆に現場から直ぐに実施を迫られて本社の管理部門が苦しむ場合もある。電力会社はもともと保守的体質であり、前例主義である。また、地域独占・総括原価方式などの権益を守ることがあらゆることの前提となっているため、チャレンジングなものは警戒される傾向がある。東京電力のようなリーダー的な存在であれば、他電力、大手の需要家、国政あるいは地方の行政に対する影響も慎重に検討される。

意思決定に当たって、このように特徴をもった巨大組織に降って沸いたような「一〇〇〇年に一度の大地震と大津波が原発を襲う可能性」の警告が外部から寄せられ、社内で試算した結果、重要施設が水没するような高さの津波に襲われる可能性があるとわかっても、それを対策計画案までに作り上げ、決済権限者に根回しをすることが、すぐに出来たとは思えない。少なくとも担当役員が決断しなければ行動は起こせない。担当部門の誰かが奮闘することで果たして議案となったか、なったとしても社内でまともに議論が行われるかは疑問である。そのような場合でも、即刻対策を起案し役員会での議論を経て計画外、予算外の事業としてすぐに実施に向けて決断をし、第一歩が踏み出せるような組織であれば、それこそ安全文化レベルが高い組織と言うことが出来る。

12、限界がある内部の監視機能

巨大組織が大事故を起こさないよう、組織内あるいは組織外の監視役は大事故の要因や大事故につながる問題点をあらかじめ取り除くことが出来るのだろうか。電力会社の場合、まず組織内の監視役としては、監査部門（監査室、考査部など）、監査役、主任技術者があり、時には特別委員会などが設けられる。労働組合もある意味で監視役である。内情からすれば、組織内の監視役が大事故の防止に役立つと思えない。

① 監査部門、監査役の使命は取締役や各部門の社員の職務執行を監査することで、具体的には業務監査と会計監査だ。業務監査は職務執行が法令・定款を遵守して行われているかどうかを監査するもので、法令違反や定款違反をしていなければ、たとえ大事故につながる問題があっても看過されやすい。取締役などの職務には善管注意義務も含まれるので、経営判断にかかわる事項についても不当な点がないかどうかを監査出来るが、それが大事故につながると指摘する可能性は低

い（福島第一原発の事故の場合も、監査部門や監査役から過酷事故対策を強化するような指摘があったという情報はない）。

②監査業務の半分は会計監査であり、業務監査ばかりやっているわけではない。電力会社の場合、対象とする業務は発電、送配電、営業、子会社など幅広く、原発の安全性に関しての監査はごく一部に過ぎない。監査対象はこれから起きることではなく過去の実績であり、法令や社内規定に違反しなかったかを中心に監査を行っている。

法律上、監査役はその任務を怠った時、生じた損害を会社に賠償する責任を負っているが、大事故や不祥事が起きても監査役が責任を追求された例は聞いたことがない。

③監査役は社長からその職を任じられ、監査部門の社員は会社と雇用契約を結び、報酬や給与を受けている。本来であれば組織そのものを破綻から守る役割であり、社長等役員に対して直言すべき立場であるが、自分を任命してくれた社長（ラインの最終的な長）の意思を慮る意識が強い。形式主義の典型例だ。実態としては代表権を持たない相談役や顧問の方が社長に対しての影響力が強い。

④巨大組織の中では監査役の人数、監査部門の人数はあまりにも少ない。定期的な監査を行うことで手一杯だ。各部門の業務執行状況に関して聞き取りも出来ることになっているが、問題が表面化した場合に行われる程度だ。監査にあたっては現場の協力を得るために、「現場が良くなること

が目的」という理由の下に報告書の内容をあらかじめ示し、これでよいかと現場に確認をすることがしばしば行われる。監査役には各部門の生の情報がいち早く届くようなことはなく、企画、経理、資材などの方が業務執行の必要性から比較的早い段階で情報が届く。ちなみに広報部門にも肝心な情報はなかなか来ないことが多い。

⑤ 原子炉主任技術者は原子力規制委員会が主管する国家資格で、原子炉等規制法に基づき、原子炉設置者（電力会社のこと）の行う原子炉の運転に関して保安の監督を行うことになっている。規制当局になりかわって普段から現場で原子炉の安全を監視する役割だ。この資格は取得が難しく、大学で原子炉物理や原子力工学を学んだ人以外は、会社が受験を目的とした特別の研修コースに参加させることが通例だ。

実際、各原発では原子炉毎に原子炉主任技術者を副所長、次長クラスで資格を持っている人の中から選任し規制当局に届けている。所長に次ぐ職位の所員を任命しているのは強い権限を裏付けるためだ。だが、どの原発でも原子炉主任技術者に選任された人は副所長、次長としてライン業務を兼任しているため多忙であり、主任技術者に課せられている多くの業務を果たしきれないという悩みを抱えている。特に定期検査中は現場確認のための立ち会いや説明を聞いて書類に印鑑を押すことに追いまくられている。

ラインの長としても日常から原発運営の一端を任されており、立場上もこれと切り離して原発の過酷事故防止のために所長や本店幹部に進言したり、提案したりする役割は十分に果たせないのが実情だ。福島第一原発の事故では当の本人はメルトダウンした原子炉を見て忸怩たる思いだったに違いない。

⑥労働組合は原発の過酷事故によって会社が存立の危機に陥れば、雇用や労働条件の維持が出来なくなる。しかし、電力会社の労働組合は長い歴史を経て、経営側とは労使協調のモデルとも言える蜜月関係を築いており、原発推進についても労使で手分けをして反対勢力に抗してきた。放射線下労働や健康管理については会社側と渡り合うものの、原発そのものについて危険性を訴えたりしない。近年、不祥事などの後に各社には内部告発制度が設けられたが、労働組合は子会社や協力会社を含め内部の苦情、不満を吸収し、問題が外に出ないよう囲いこむ役割を長年にわたって果たしてきた。

⑦特別委員会はその名のとおり常設ではなく、大事故、不祥事などが起きた後に社内に設置される。これは第三者的な立場から、あるいは専門的な立場から原因や責任の追求、再発防止などをするのが目的だが、規制当局、株主、消費者、メディアからの企業に対する攻撃がこれ以上にならないための防御策にもなっている。

実際に選任された委員長以下の委員の顔ぶれを見ると、企業の役員や特定の部門との繋がりが強い弁護士、大学教授、学識経験者がほとんどである。原発関係で言えば、概ね原発推進、原発容認の考えの人々であり、本当の意味での第三者でないことが多い。さらにこれらの委員会は報告書を社長宛に出せば終了し、改善策の具体化や監視活動は当該企業に委ねられるのが通例だ。東日本大震災が起きるまで電力会社側から特別な命題でも出さない限り津波による過酷事故を防止することを提言出来た可能性はなかった。

このように巨大組織内部の監視役は存在するが、活動によって大事故が防止出来るような状況にはない。

13、限界がある外部監視役の機能

巨大組織である電力会社の運営する原発の安全監視のために法律で国の機関として設置されていたのが原子力安全委員会と原子力・安全保安院である。原発が立地している地元自治体の専門委員会、業界内の自主的規制を行う団体も原発の監視を役割としている。このほかに、株主、保険会社、国際機関、学会、メディア、反対派も外部の監視役とみなすことが出来る。これら外部の監視役は原発の大事故防止に役立つと言えるだろうか。

①規制当局

規制当局こそ巨大組織が起こす大事故を防止する本命中の本命だ。罰則付きの法律、規則、基準、通達など巨大組織の暴走を止める手立てを持っている。だが、福島第一原発の事故以前は原子力発電を推進する「資源エネルギー庁」と規制する「原子力安全・保安院」が同じ経済産業省の中にあり、省内の異動によって推進と規制を往復する人事交流が行われ、ＯＢが規制対象である電力会社に天下りするなど規制当局としての体をなしていなかった。東京電力は首都圏の電力の地域独占供給を逆手に取り、停電や原子力政策の蹉跌の可能性をちらつかせながら規制当局に対して自分たちの都合に合わせるよう迫っていた。

原子力政策に関しては、福島第一原発の事故の少し前、経済産業省はもんじゅの廃炉でプルトニウムの大きな消費先を失ったことによる核燃料サイクル政策の挫折を回避するため、電力会社の協力の下に軽水炉原発によるプルサーマル（プルトニウムを入れたＭＯＸ燃料を使う方式）を実施することに賭けていた。その最初の実施を福島第一原発で行う計画が進みつつあり、東京電力としては津波対策の先送りについて経済産業省が原子力安全・保安院を抑えてくれるものと読んでいた。

こうした状況は福島第一原発の事故後に改められたことになっている。原子力安全委員会が独立性を持つ三条委員会として原子力規制委員会となり、過去に原子力産業に関係の深かった人は委員に任命されなくなった。委員会の事務局として、新たに環境省に原子炉施設等の規制・監視を専門とする原子力規制庁を外局として置いた。職員は経済産業省などとの人事交流を断たれ、不足を埋めるため、原子力規制庁に独立行政法人原子力安全基盤機構を統合した。

新体制により過酷事故など大事故を防ぐ機能は強化されたことは事実だが、現状では職員の新規採用、養成制度・計画・施設などはまだ不十分で、原発の現場の状況に通じた人材が確保されたとは言い難い。これでは、的を射た審査や検査が出来るかが不透明だ。新基準適合審査には十分な時間をかけていても、いったん合格すれば、その後の審査、検査が形式的なものとなるおそれはある。

新たなに規制基準が設けられ、その基準について政府が「世界一厳しい基準」としているが、かならずしもその評価は高くない。最大の問題は世界レベルの最新情報を取り入れて、基準を絶えず見直すことがうまくいくのか、基準にないもの、あっても項目だけで中身がないものについての対応をどうするかだ。

②地元自治体

原発のある自治体は電力会社との間に安全協定を締結している。また、自治体には原子力安全対策課などを作り、担当の職員が主に安全協定に基づく電力会社との対応をしている。議会には原子力特別委員会や専門家をメンバーにした委員会などがあり必要に応じて開催されている。安全協定は法的拘束力がないものの、自治体の了解なしにはいまや原発の運営は立ち行かない。

自治体職員は通常、電力会社に対抗出来るような技術的能力を持っていないこと、情報が国や電力会社頼みであること、原発の停止が地元への交付金や地元経済に対するマイナスの影響があること、地元住民に不安を与えたくないことを考えると、自治体が国や電力会社に事故防止について独自に普段から具体的な申し入れをすることはなく、事故トラブルの後が圧倒的に多い。茨城県が日本原子力発電に対して東海第二原発の津波対策の強化を申し入れたのは例外と考えるべきだ。

③業界内の自主的規制を行う団体

原子力業界内には大事故を防止する役割を期待されている団体が作られている。電力中央研究所、海外電力調査会、原子力安全推進協会（以前の日本原子力技術協会）などのことだ。残念なことにそれらの団体は主に電力会社や原子炉メーカーがスポンサーであり、役員クラスをトップに送り込み、社員を職員として派遣しているため、団体が電力会社などに対して厳しい指摘をしたり、改善勧告を強く勧めづらい立場にある。報告をする場合もスポンサーの権威を傷つけたり、反対派を勢いづかせたりすることのないよう、内容も表現も電力会社と事前に調整がされる。海外調査報告も電力会社はそれを聞くにとどめ、どのように活かすかは電力会社次第だ。

日本原子力技術協会が原子力安全推進協会となってから、現地監査の評価結果について電力会社の社長を呼んで意見することにしたが、裏を返せばそれまでは、そのようなことは行われていなかったということだ。

福島第一原発の事故の数年前には、日本原子力産業会議が日本原子力産業協会として改組されたが、それは従来の産業会議が「国民的立場」から電力会社などに耳の痛いこともあえて発信するという姿勢であったことを改め、普通の業界団体のようにスポンサーの意思に全面的に従う団体になることを意味するものだった。このあたりの事情は藤原章生著『湯川博士、原爆投下を知っていたのですか〝最後の弟子、森一久の被ばくと原子力人生〟』（講談社）に詳しく書いてある。

せっかくの団体に、単なる業界団体の役割をさせることは、原発の安全確保や国民の理解促進のためにはマイナスであるが、往々にしてこのようなことが起きてしまう。巨額の費用と貴重な人材を割いて何のために自主規制するのか。そのことを本当に理解しなくては、我が国の文化ともなってしまった「形式主義」とのそしりは免れないだろう。

④株主
巨大組織の大株主は概ね金融機関などの機関投資家であり、長期的で安定した配当を求めている。目下、電力会社は機関投資家の大きな議決権によって、脱原発を主張する一般株主の提案をすべて否決している。機関投資家にとっては巨大組織の安定性、永続性が魅力であり、大事故による突然の経営危機や無配陥落は一番避けたいことである。とはいえ、株主は事業報告などによって状況を把握することし

か出来ず、大事故を起こしてからの経営陣や事業計画の刷新しか手段がなく、株主による大事故の未然防止は難しい。

⑤損害保険会社

損害保険会社は巨大組織の株主であるとともに、巨大組織からの保険料収入を得ている。原発に関しては規模の大きさから、大手損保会社で原子力損害保険プールを組んで対応しており、電力会社からの保険料収入は毎年莫大なものとなっている。原発が大事故を起こすことにより保険会社は大きな損失が発生するが、事故後に保険料率を上げるか、条件が合わずにプールより撤退するしかない。損害保険会社はあらかじめ具体的なリスクを評価し実績を分析して保険料率を個別に提示するのが本来の姿であるが、残念なことに原発の場合料率は一律であり科学的合理的なリスク評価をしているとは思えない。

損害保険会社には安全性評価に関するノウハウも蓄積されているので、今後原発毎に安全性を評価して保険料を決めるという方式が出来れば効果的である。

⑥国際機関

国際機関とはＩＡＥＡ（国際原子力機関）やＷＡＮＯ（世界原子力発電事業者協会）などを指すが、ＩＡＥＡは福島の事故前から、加盟国に対し原発の安全性を評価する際、機器の故障などが大事故に至るすべての可能性を把握する確率論的安全評価（ＰＳＡ）の適用を勧告。二〇〇七年の専門家による訪日調査では「日本には設計基準を超える事故について検討する法的規制がない」と指摘し、過酷事故に十分備えるよう求めていた。

このことでもわかるように、国際機関が加盟国に対して勧告し査察をしても、その勧告や指摘に強制力はない。国際機関に加盟していることが単なる形式になっている状況について学会、ジャーナリズムも含め、各監視役が声を上げることがなかったのも我が国の大きな問題である。

⑦学会

我が国にある学会は、巨大組織による大事故を防止する役割を果たすことが出来るのだろうか。巨大組織は多くの学会と関係がある。原発関連だけをとって見ても、「原子力学会」「保健物理学会」「土木学会」「機械学会」「電気学会」「保全学会」など数多くの学会が関係している。

電力会社、原子炉メーカー、ゼネコン、それらの息のかかった研究機関には各学会の会員が数多く働いている。彼らはいわば二重国籍であり、学会活動中も現役あるいはＯＢとして所属する、あるいは所属していた組織を背負っている。したがって巨大組織が大事故を起こす可能性の考察を純粋に科学的に議論し、それをそのまま公に出来る状況ではない。

例えば先日、日本学術会議が出した「使用済み燃料の暫定保管の計画を策定しないままの原発再稼働は将来世代に対する責任倫理を欠く。電力会社には再稼働の前に、各供給エリアに最低一カ所の乾式貯蔵施設を設置するなど、廃棄物対策を具体化させるべき」との提案に個人的には賛同しても、学会員としてそれを公にすることは所属の組織の意向もあり躊躇するだろう。

それどころか、東京電力は津波対策をするよう国から迫られ、シミュレーションの結果が思わしくないため、すぐに決めなくてもよいことにするよう有力な学者に根回しをするとともに、電力会社の影響力下にある土木学会に再検証を依頼することで、対策実施の四年間程度の先延ばしを図るように担当役員が指示をしていた。

⑧メディア

メディアは社会の木鐸と呼ばれているが、巨大組織の監視役となって大事故を未然に防止している働きをしているとは言い難い。従来、メディアは内部告発をきっかけに、違法な工事や被ばく管理の杜撰さなどを報道したことはあったが、原発のリスクに具体的に踏み込んだものは少なかった。

実際問題として、反原発や脱原発の主張を繰り広げたメディアで福島第一原発の事故を予見したものはほとんどいない。過酷事故対策に関するＩＡＥＡの勧告があったことは報道されたが、国と電力会社がそれに直ちに対応しようとせずにいたことをメディアは指摘出来なかった。

産総研の大津波警告に対する東京電力の対応引き伸ばし工作についても同じだ。メディアが電力会社に懐柔されていたことはないにしても、自治体などと同じように「原発の安全神話」をどこか信じていたふしがある。

著名人や人気者が感覚的に言ったことがイコール正しいことであるはずがない。問題は中身だ。原発の危険性についてその根拠を科学的事実で伝えて推進側を困らせるメディアもなかった。専門家の意見を紹介する場合も、よくて両論併記だ。あとは読者がお考え下さいというには材料が少なすぎる記事が多い。

次々と起きる事件やトピックスを日々追い続けることがメディアの宿命であり、巨大組織が大事故を起こすリスクについてじっくりと掘り下げた取材と分析をして世に問うことは、やろうとしてもなかなか出来ないことなのかもしれない。

⑨反対派

巨大組織が大事故を起こすことを最も警戒しているのが反対派であることは間違いないが、その意欲はほとんど空回りしている。内部告発者でさえ距離を置きたくなるのが反対派のあまりにも観念的な体質だ。「嫌なものは嫌」という感情的、情緒的な原発反対の主張は科学技術の元になっている客観性、合理性とは相容れない。

短兵急な脱原発の要求は、社会変革に生きがいを求めたい人々には受けるが、同時に一般の人々を一歩退かせてしまう。彼らの主張は自分たちに有利な証拠のみを集め、手前勝手な理屈をもって結論ありきで考えたものが多い。推進派にも似たようなところがあるが、反対派の方がより徹底している。こうしたやり方では反対派が推進派と互いに切磋琢磨する機会を作ることもなく、ともに成長することが出来ない。

反対派がこうしたことを続けていては多くの国民を白けさせるばかりで、反対派が大事故を防止する役割を果たすのは難しい。国や電力会社は反対派を相手にしていては時間の無駄だと考え、中間層に対して原発の必要性や安全性をアピールする作戦にとうの昔に切り替えていた。

反対派が原発の運転を許可した国を相手取って訴訟を起こしたことは、思いがけない影響を電力会社に与えた。被告となった国は裁判で現在の原発の安全性を強く主張したが、電力会社に追加の安全対策をされることは後ろから鉄砲を打たれることになる。結果として電力会社は現在の原発の安全性に不十分なところがあるとは言いづらくなり、追加の安全対策を躊躇するようになった。これは原発の安全性確保には大きなブレーキとなってしまい、安全性を求める反対派の思いとは逆の結果になってしまった。

新たな知見に基づく追加の安全対策は事業者としてより自主的に安全性を高める努力を続けなければならないところであり、現在の安全性が問題なのではなく、新たな知見に基づく安全性の上乗せであると地元などに説明するべきものだ。国としてもその努力を促すべきだが裁判を有利に進めるために封じられた。電力会社は危機管理上問題を抱えたが実務面では対策を先延ばしとし出費を抑えられたのである。

福島第一原発事故後、規制当局、自主規制団体、学会、自治体などに監視役としての役割を果たそうとする動きが見える。だが、巨大組織に対する監視役はこれまで見てきたように組織内部と組織外部ともに、規制当局を除いては巨大組織の圧倒的な情報量、経済力、人材、影響力、継続性に対抗するにはあまりにも弱体だ。

福島第一原発の事故以前の原子力・安全保安院とその下請けであるJNES（注）の人数は、基数としては二倍であったアメリカの規制当局であるNRCの数分の一であった。日本では福島の事故以降、独立した原子力規制委員会が作られたが、人数、経験、仕組みにおいてまだ発展途上である。それゆえ、今後も監視役への期待はしつつも、巨大組織の起こす大事故を監視役が十分に防げるとは考えがたい。

（注）原子力安全基盤機構（JNES）は、行政改革の一環として原子力事業者の安全に関する自主検査体制を審査するため、二〇〇三年一〇月一日に発足した。主な業務は、原子力施設及び原子炉施設に関する検査、その安全性に関する解析・評価、原子力災害の予防、原子力災害の拡大防止及び復旧に関すること、原子力安全の確保に関する調査・試験・研究及び研修、原子力安全情報の収集・整理及び提供等であった。

14、巨大組織の変容

巨大組織は時が経つにつれて変容していく。それは人間の老いのようにどのような組織でも免れることが出来ず、その結果、組織が飛躍的に発展することもあるが、致命的な事故を起こすなどして滅亡に向かう原因にもなる。

原発を運営することになった巨大組織である日本の電力会社が原発を主要な電源として採用した結果、どのような組織に変容を遂げたか、そしてその変容がどのようにして会社を危機に陥れた大事故を起こす要因になったかを考えてみたい。

①電気事業はもともと官僚の干渉を嫌がる独立の気風がある業界であったが、原発を手がけることで逆に役所との関係が深まった。電力会社は国の多大な支援を必要とするようになり、原発を国策とした国といわば運命共同体化したために監督する側とされる側の関係から、互いに自分たちの都合による要求を相手に出すもたれ合いの関係になり、電力会社は官僚の天下りも徐々に受け入れることになった。

②原発を開発するため社内に独特の意識を持つ部門が生まれた。その意識は「最新で、難しい、なによりも国のためになることをやっているというエリート意識」である。原発部門は次第に力を

持ち、経営上の重大な課題を次々と発生させた。その結果、他部門は人の配置や予算の配分などでさまざまなマイナスの影響を受け、ついには原子力部門を冷ややかな目で見るようになり、原子力部門は社内で特別な文化を持つ存在になっていった。

東京電力では、火力発電所の技術系社員を福島第一原発の次長職にするなど組織の風土の改善に取り組んだこともあったが、効果は限られていた。

③ 巨大出力の原発のために電力会社はバックアップとして火力発電設備を維持しなくてはならなくなった。このため、ほとんど稼働させない旧式の火力発電所を廃止することが出来ず収支やモラルに悪影響をもたらした。原発が順調に運転していれば旧式火力発電所の出番はなく、延々と待機が続く。

ある時、電力会社が共同で企画した研修会に参加した。東北電力の火力発電所の職員が一緒のグループになり、話をすると彼は東海第二原発の運転状況に実に詳しかった。その理由を聞くと、東海第二原発が事故やトラブルで停止すれば、我々がバックアップのために直ちにスタートアップをしなくてはならないので、常に東海第二原発を見ているのですと答えた。電力会社は原発の稼働率が落ちれば効率の悪い旧式火力を稼働させて燃料費が余計にかかる。総括原価方式時代にはそれは電気料金に転嫁出来たが、電力自由化を考えれば会社として大きな問題であった。

④ 開発が進むにつれ、原子炉メーカー、多層構造の請負体制に技術と労働力を依存した原発の現場

という構造が出来上がった。電力会社社員の職務は監理に限定され、現場や技術を直接知る機会が少なくなり、世代が新しくなるにつれ現場感覚を失うとともに、メーカーが出す見積もり査定をする能力も低下した。また、メーカーや下請け会社の固定化が起きて競争がなくなりコスト上昇に繋がった。メーカー依存の高まりとともに電力会社の技術が空洞化し、社員業務の比重は役所対応、地元対応などに移った。そのため、実際に事故が発生した際にも、中央制御室の運転操作以外は事故対応の多くをメーカーや請負会社に依存せざるを得なくなった。このことは、運転中はもとより事故が起きた時、社員だけでは対応が出来ないという大きな問題を発生させた。事故の際に、大きな被曝を伴う契約外の業務を下請け作業者に依頼することが出来るかという問題が、事故対応を困難にすることは十分に考えられる。実際に、福島第一原発の事故においては消防車で原子炉内に注水をしようとしても社員は操作方法を知らず、消防業務を委託していた下請けの南明興産（現・東電フュエル）の作業者しか対応が出来ないため、東京電力は渋る南明興産に出動を懇願している。

⑤原発を立地する条件とした地元経済への貢献を実行する過程で、電力会社は地元の政治家、自治体、漁業組合、商工会などとのつながりを深め運命共同体に引き入れていった。原発は電源三法による交付金、核燃料税、定期検査時の大量動員、消耗品購入など地元に与える影響が大きく、原発の運営にあたって地元経済に対して優先的な契約、発注などの配慮が必須のものとなった。

地元は原発の安全運転を電力会社に約束させる一方、経済的恩恵をより多く引き出すことに熱心になる。電力会社との契約は自動更新され、他からの参入は出来なくなり競争が排除され、一部の有力者のみが利益を得ることにつながった。これら有力者は原発の危険から住民を守るのではなく、市民の批判に対して電力会社を擁護する役割を果たすようになった。さらなる安全性の強化は、原発推進の前提すなわち確固とした安全性について疑問を惹起させ、電力会社の地元に対する立場を苦しいものにして地元の過大な要求につながりやすいため、事故トラブルでもない限り次第に電力会社からは言い出しにくくなった。

⑥原発を建設、運転するにあたっての地元の不安払拭や抵抗を減らすためのさまざまな説得工作費用や指名入札によるコスト増大分を総括原価として料金に潜り込ませることが出来たため、原発推進と総括原価方式維持が切っても切れない関係となった。しかし、費用増加は電気料金の上昇を招いたために、電力会社内では原発部門の改修計画を縮小し、あるいは先延ばしをする誘因となった。

⑦時が経つにつれ、電力会社は先送り課題を多く抱えることになったが、これを経済力や政治の力を使って突破することが増えてきた。国の支援を引き出すために影響力のある政治家に働きかけるとともに、電力会社や労働組合からも国会議員や地方議会の議員を送り出し政治の舞台での影響力を強めた。これらは国や自治体などの原発監視の力を弱める作用をした。

また、電事連は巨額の広告費を使いメディアに影響力を行使するようになった。こうしたことを続けた結果、国や自治体、メディアなどをある程度コントロール出来る力を持っていることを電力会社幹部が自覚するようになり、徐々に課題解決にその力を使うようになった。

⑧地元からの要求が年々大きくなり、電力会社は事務所を現地に設置し、さらにその人員、体制の増強を続けた。地元住民は原発の安全性について説明を聞いて判断するのではなく、説明する人の態度や姿勢を見て「やっている人を信じる」という人が多くなった。電力会社もそれに応じて技術的に深い説明は避けるようになり、地元有力者との人間関係構築に力を入れるようになった。

⑨地元の要望に従い、現地の職員や下請けでは次第に地元出身者が増えていったため、「身内のいうことを信じる」という住民の数も増え、電力会社に対して厳しく安全性を問いただす人が少なくなった。地元の議会でも原発支持派が圧倒的に力を持つようになり、電力会社や原発への批判は抑制された。

⑩電力会社内部でも原子力部門は人事的にも閉じられたものとなり、同僚や先輩後輩の関係が密になりすぎて、先輩の決めた計画やルール・慣習あるいは仲間のやっていることに対する批判がしにくくなっていった。経営幹部も先輩たちのやってきたことにあからさまに逆らわないよう配慮することになる。大学の原子力関係（原子力、電気、機械など）の教授とは委託研究での資金提供や卒業生の採用でも相互に依存するようになった。社内でも目に見えぬ学閥が形成された。

⑪建設中や運転中の原発の基数が増えた結果、本社の統括部門と現場の力関係が次第に変化し、本店の指示は絶対的なものになっていった。本店で指示を出すのは大学卒大学院卒のエリートであり、彼らにとって現場勤務は限られた年数を過ごすステップアップの一過程に過ぎなくなっていた。対して現場で実務の中心となっていたのは地元の工業高校卒、高専卒の社員であり、現場勤務が長く考え方は固定化しがちであり、また本店の指示には従順に従うように教育された。

⑫巨大組織は関係者を増やしながら、ますます巨大化する。その中の人々のつながりはさらに強くなり、その組織に所属する人々の生活を守り、次世代に繋がなければならないという重責が経営首脳陣をはじめとして管理者にのしかかってくる。巨大になった組織は、いままで積み重ねた自らの歴史、約束、声明などに自らが拘束されて世代が代わるほどに選択肢が狭まり、小回りがきかなくなり組織員の生活に大きな影響が出るような政策決定は出来なくなる。

そのように煮詰まってしまった組織の中で評価されるのは、組織の潜在パワーを背景に、世間に対して平然と大胆なことを強行する人だ。彼こそが我が身の危険を顧みず、組織に属する人々の既得権を守ってくれる守護神として讃えられた。

大津波が万一襲えば、会社存亡の危機となることはわかっていても、その事実を地元に公表し対策をすぐに取るという判断は右記のような状況下では出来なかった。その結果、津波がそう簡単にくることはない、あと数年で廃炉決断をするかもしれない原発がその前に津波で襲われることはおそらくないだろうという根拠のない希望的観測で、自分自身を納得させて先送りを策したと考えられる。それは公開された調書で「津波対策を東電側拒否」の証言として伝えられた次の内容を見ればわかることだ。

福島原発事故：「津波対策を東電側拒否」の証言（毎日新聞二〇一五・九・二五）

旧原子力安全・保安院耐震審査室の名倉繁樹安全審査官（当時）は二〇〇九年九月、八六九年の貞観地震級の津波が福島第一原発を襲った場合の試算について東電から説明を受けた際、東電に「具体的対応を検討した方がよい」と提案したと証言した。名倉氏は「ポンプは（水没して）だめだなと思ったといい、「福島第二原発のように重要施設を建屋内に入れたらどうか」ともアドバイスした。しかし、東電の担当者から「（原発の津波評価技術を取りまとめた）土木学会の検討を踏まえないことには判断できない」「炉を止めることができるんですか」と拒否された。名倉氏は結局、具体的な対策は指示しなかったという。

東京電力の原子力部門や経営トップの判断が非合理的だと後から非難されても先送りを選択したのは組織としてであり、当時その立場にたった者の必然的な行動だったと考えられる。優秀な人がいつも合理的な判断をするとは限らない。追い詰められるとむしろ危ない橋を渡ろうとすることが多い。最近日本でも現代の知的巨人として評判のフランスの学者エマニュエル・トッドは「組織は巨大になると非合理的行動をする」と語っている。

15、巨大組織の集団的私物化

巨大組織が大事故を起こしてしまう背景には組織の集団的私物化がある。

東京電力などの電力会社や原子炉メーカーの社員は、人々の生活に欠かすことの出来ない電力を全国民に安定的に送り届けるという公益的事業に自分の職業人生を賭けてみようと入社してくる。高処遇や社会的地位、あるいは一生の生活の安定を受験動機とする者もいるが、電力会社を受験しようとする者であれば、同程度かさらに良い処遇や地位を保証する他の業界のトップクラスの企業にも入社が可能である。それにもかかわらず電力会社などを目指す若者は「電力供給を通じて世の中の役に立ちたい」という思いがより強い。これは入社試験の面接をやった筆者の経験からも自信を持って言える。

電力会社や原子炉メーカーで原子力部門を希望する者は、安定志向に加え、原子力エネルギーの素晴らしさに魅せられ、これを人々の生活の維持向上のために役立てたいという考えを持っている。そもそも大学で原子力を専攻した時にすでにその考えをしっかり持った者もいる。入社後は、自分も含めた「原子力を人々のために」という仲間の夢を実現することをずっと心がけている。

そのためには何をするか。会社の経営状況をよくすること、原子力事業を隆盛に導かねばならず、まして破綻などさせてはならない。入社時の大義は国家の発展、大衆、消費者のためであったが、入社後は自分も含めた同志の夢と希望を叶えることがより身近な目標となってくる。

問題は、これが行き過ぎて、大義のためには専門知識を持っている自分たちが独断専行することも許されるべきだという甚だ自分勝手、公私混同、唯我独尊の考えに変化することだ。これが次第にエスカレートして、規制当局との癒着、国の財政的支援、少々の逸脱、法律抵触、情報の不開示なども許させるという傲慢な意識になる恐れがある。特に技術的困難に加えて一般大衆の反対運動に遭うと、反対があるからこそやらねばならないとますます頑なになる。このような苦しい仕事を国の将来のためにやっているからには、自分たちは護られて当然であるという気持ちにもなる。

組織の上層部になれば、強大な経済力をバックにした政治力を使って、先輩の作り上げてくれた仕組みを守っていくことに全力を尽くすことになる。それに従う社員も同じ価値観を持った人々の集団の一員として、一致して現状を守ることに精を出す。何をするにしても自らが属する集団の利益に反することはやってはいけない雰囲気が出来上がる。そのなかで抵抗することは集団からの離脱を意味するが、外に出れば集団の強大さを思い知るだけだ。こうして巨大組織の集団による「少しも悪気のない」私物化が進み、結果的に大事故、不祥事が発生し巨大組織の崩壊につながっていく。

これらは社会派小説の世界のようであるが、現実は外部からはそれがさまざまな障害で見えなくなっており、内部にいるものは感覚が麻痺して見えなくなっている。これが「少しも悪気のない」集団的私物化である。

16、まとめ

ここまで、判断を誤らせる原因がいかに数多く巨大組織の中で育ち、放逐されることなく受け継がれてきたか、具体的にその萌芽と環境条件や判断を誤らせるに至るまでのメカニズムを洗い出してきた。

巨大な組織は共同体化しやすく、自ら共同体を大きくしようとする性質がある。そうなると組織内に発言の自由がなくなり、多数の力が発揮出来なくなる。すぐやればよいことが出来なくなり、事故が起きるまで誤りを認めることが出来なくなる。強い立場にある者が弱い立場にある者の利益のためだとして、本人の意志は問わずに介入・干渉・支援する当事者たちのパターナリズムも危険である。技術力で出来ないことを、経済力をバックにした政治力で突破するようになり、批判を避けて情報公開をしなくなる。

原発のような大きな装置産業は大組織でなくては運用出来ないが、大組織には大事故につながるさまざまな問題が潜んでいることを知らなくてはならない。特に経営幹部は常にそのことを意識している必要がある。また、原発は大事故を起こすポテンシャルを持っていることを当事者も規制当局も地元住民も忘れてはならない。

組織が巨大になれば、大きいことそのものが危険の元である。森敦氏は小説「月山」で雪玉が大きくなればその大きさで雪玉が崩れると書いている。その認識で組織を内外から監視しなければ巨大になった組織は必ず大事故を起こす。

巨大組織が大事故を起こさないようにする対策はどうあるべきか。その対策は実効性のあるもの、永続性のあるものでなければならない。対策は外部からの規制強化だけでなく、内部の自主規制も併せて考える必要がある。さらに第三者によるチェックや情報公開は外部の人のためだけでなく自らを守るためにも役に立つことも知るべきである。

第三章
事故後の現地に見る日本型対応

福島第一原発の事故の後、これまで行われてきた国や東京電力の対応ぶりを観察すると、事態をなんとかソフトランディングさせようという意図が透けて見える。地元出身の政治家もこれに乗った。数万人にのぼった避難者や福島県民の怒りを鎮め、抗議の声が上がらないようにするための大幅譲歩や異例の措置が行われた。これは事故が起きる以前、国や自治体は事故時の対応訓練、避難準備などがまったく出来ておらず、事故が起きると何ら満足な対応が出来なかったことへの後ろめたさの証でもあった。

被災者に怒りの矛先を向けられないようにするやり方は、腫れものに触るが如く。反響や反発を呼びそうな情報は小出しに、解決困難なものは先延ばし、苦情がくれば直ちに譲歩。そのための経済的負担は国民へ回し、時間切れになったものは結局住民に苦渋の決断を迫るというものだった。加害者の東京電力は事態収拾と賠償をしなければならないとの理屈で国が全面的に支援し存続させた。東京電力は窮すると国に助けを求め、国の判断待ちに逃げ込んだ。

こうして暴動はおろか抗議デモもあまり起きず、訴訟も乱立せず、倒産も解雇もしない。更迭された官僚も東京電力から去った旧経営陣も全員退職金を受け取ってリタイアした。ただし、旧経営陣が被告になった裁判はこれからも長く続きそうだ。

一〇年たっても完全な全域の避難解除は見通しが立たず、原発に流れ込む地下水が溶けた核燃料に触れたものは完全には放射性物質が除去できずにタンクに溜まり続け、除染で出た土壌は中間貯蔵施設に搬入されたものの行き先が決まらないため、広い福島第一原発の構内は日に日に余裕を失っている。事故炉の廃炉工事で最大の難関と言われる燃料デブリの回収についてはまだその手法を模索中である。目指すゴールもわからない廃炉工事で原子炉メーカーやゼネコンの体制を維持し続ける。その費用は電気料金で福島県を含む全国の消費者から回収される。これら全てが日本的対応だと言わねばなるまい。まるで全体が互いに許し甘える共同体組織のごとくだ。

1、毎年交代する大臣

東日本大震災の翌年、政権を奪還した自民党の安倍首相は「福島の復興なくして日本の再生なし」と繰り返し発言。福島の復興を最重要課題としたが、民主党政権、自民党政権合わせて一〇年間で復興大臣一二人、環境大臣一一人の交代は県民を愚弄している。

政治家や官僚は住民からの批判を避けようと、甘い見通しと安易な妥協を繰り返し巨額の予算を使い続けた。除染の際の空間線量基準について、環境大臣だった細野剛志氏は「将来の達成目標とした数字が一人歩きして、その時点での目標になってしまった。見通しが甘かった」と後日語っている。さらに区域設定は放射線量ではなく町内の行政区によって行われた。こうしたことが後に避難の長期化といびつな賠償や除染、県民の分断を招くことにつながった。

2、決まり文句と国民の負担

菅総理は就任早々、福島第一原発の廃炉現場を視察、その後、双葉未来学園を訪問した。視察終了後、福島県選出の自民党議員を従えて屋外で記者会見をしたが、冒頭、就任後地方視察の第一番に福島県に来たことを強調した。

次いで、決まり文句の「福島の復興なくして日本の再生なし」と述べた後、「現在、避難指示となっている区域はいくら時間がかかってもすべて解除して住民が戻れるようにする」と発言した。安倍元総理も歴代復興大臣も同じ発言を繰り返していたが、帰還を希望している住民からすれば「いくら時間がかかっても」は許せない。こちらはすでに一〇年も待っているのだ。

いままで避難指示が出ていない郡山市や福島市の除染に力を入れて予算を使い果たしてきた。一番放射線量の高い帰還困難区域は常に後回しにされてきた。それどころか除染で出た放射性廃棄物を一番多く帰還困難区域内に仮置きしてきたのだ。復興期間の最後の今年になってようやく帰還困難区域の数パーセントを特定区域として除染を始めたに過ぎない。政治家の「いくら時間がかかっても」や「最後の一人まで」は避難者にとってなんの保証にもならない。

帰還を希望する住民のほとんどが高齢者。筆者も事故当時は六五歳だったがいまや後期高齢者だ。あと何年車の運転が出来るかわからず、車が運転できなければ帰還しての田舎暮らしは困難だ。北朝鮮に拉致された被害者と同じで、本人も家族ももう時間がないのだ。安倍元総理は退任会見で「解決できなかったことは断腸の思い」と言ったが、これほど空虚な発言もない。菅総理も高齢の被災者がどういう気持ちなのかを分かっていない。会見に立ち会ったメディアからも、「いくら時間がかかっても」はおかしいのではとの指摘はなく、紙面や画面で総理発言をそのまま載せてしまうから驚きだ。

政治家はツケを国民に負担させているだけで、失策による損害を政治家や政党が補塡しているわけではない。いくつかの裁判では法廷が「福島第一原発の事故は、国にも責任がある」としている。廃炉は国が工夫して費用を抑え、政治家や官僚あるいは電力会社の株主や金融業界の痛みもあって、その後に国民に負担をお願いするという順序でなくてはならないはずだ。政治家の発言はその場限りの無責任だ。

政治家がタンカを切ったために、無駄な金が福島第一原発の事故のために使われてはならない。原発事故の後始末についてはきちんとコスト管理をしていかなければ国民の負担がいくらでも増すだろう。いままで原発推進政策でさんざんやってきたこのやり方は、結局、国や東京電力が信用されなくなる原因をつくっている。デブリ取り出し設備に一兆円と聞いて、メディアなり評論家なりが疑問を呈さないのも奇妙だ。何も言わなければ認めたことになり、一兆円は電気料金で回収されることになる。

自分たちの立場を守り、人気取りをするために多くの国民をメディアまで使って煽り、税金の無駄遣いをして国を滅ぼす。これは先の戦争で大きな痛みを伴って経験したことではないか。戦後生まれの人はしかたがないかもしれないが、年配者もそれを忘れてしまったようだ。

3、英雄は五〇人だけか

映画「Fukushima50」が話題となった。原作は門田隆将の『死の淵を見た男―吉田昌郎と福島第一原発』。脚本が前川洋一、監督が若松節朗。紹介記事によれば、「福島第一原子力発電所の事故で、未曾有の事態を防ごうと現場に留まり奮闘し続けた人々の知られざる姿を描いたヒューマンドラマ」だ。現場の最前線で指揮をとる伊崎に佐藤浩市、吉田所長に渡辺謙という日本映画界を代表する二人の俳優を筆頭に、吉岡秀隆、安田成美ら豪華俳優陣が結集したとある。

この映画で、一般の人には馴染みがない原発の内部と過酷事故の様子、国と電力会社の関係などが視覚を通して伝わった。自己を犠牲にして人々を守ろうとする所長以下の人間の生き様がメインテーマのように思えるが、所長と当直長が最後に「俺たちは何を間違えたんだろう」と自問するところが観る人に対する問いかけだと言う批評家もいる。

確かに「Fukushima50」たちは英雄だ。しかし、あの事故の日の深夜から翌朝にかけて、自治体から防災無線を通じてあるいは友人からSNSで家財をそのまま置いて直ちに避難するよう勧められた多くの人々がいたのだ。彼らは道路が渋滞してもパニックに陥らず、食料の支給が受けられなかったり、ガソリンの残量を気にしたり、夜間は凍えながらも大声もあげずに助け合いながら粛々と指示どおりに避難し、生まれて初めての汚染検査を受け、市町村の職員も自分や自分の家族も避難者でありながら、困難に遭遇しながら住民の避難を支援し続けたのである。

混雑する避難所を出て親戚の家に行った人は精神的ストレスに耐えられず再び避難所に戻ってきた。津波で肉親の行方が不明になった住民は捜索を続けることは許されなかった。それでも、一週間してから東京電力の社長が避難所に謝罪に来たときも避難者たちが罵声を浴びせることはなかったことに筆者は驚きを禁じ得なかった。

一部で避難はまだ続いている。帰還困難区域から避難した人たちはいつ頃解除するかも国から返答をもらえていない。あの日から、避難した人はそれぞれ予想もしなかった人生を歩んでいる。東北で震災関連死がもっとも多いのが福島県。いかに精神的ショックが強く、住民がそれに耐え続けてきたことか。これは映画にはなりにくいかもしれないが、「Fukushima50000」として記録にとどめられるべきことである。

4、除染の目標値が失敗のもと

福島第一原発の近くで、まだ帰還困難区域が残る四町（大熊町、双葉町、浪江町、富岡町）の住民帰還に対する政策が揺らいでいる。ここ何年か、住民の意向調査をする度に「帰還しない」の割合が増え、最近は五割前後になっている。

住民の帰還の条件のひとつは区域の除染が完了することであったが、環境省や町が住民集会を開けば、もっと徹底的に除染をやれという声が上がる。それは、県が東京電力に費用請求をして市町村に実施させた県内の原発から離れた郡山市等でのより厳しい基準での除染を住民が知っているからだ。除染はしなくてもよいから早く帰還させてくれという声は出てこない。放射線の健康影響も心配だが、国や東京電力に放射能をばら撒いた責任をきっちりと取らせなくてはという気持ちが強いのだ。環境省の除染工事には時間がかかる。富岡町の居住制限区域内の除染に何年もかかってしまった。

国が区域を解除するための除染の目標値は「年間二〇ミリシーベルト以下」だ。区域内は線量がまちまちだが、除染工事は測定結果によって場所を選ぶのではなく一律に行われる。除染の実態は雑草の撤去と土の入れ替え、建物の屋根や壁などの洗浄であり、住民もそれを望むようだ。住宅の敷地の一箇所でも年間二〇ミリシーベルトに相当する値が測定されれば、その敷地の表土は全面交換である。このやり方では時間がかかるはずだ。結局、国が「年間二〇ミリシーベルト以下」で区域指定解除としたことが、解除に何年もかかるという結果を招いた。

5、帰還率が上がらないのは何故か

廃炉が進む福島第一原発の周辺の自治体では、避難指示を解除しても住民の帰還が進まない。手元に届いた復興庁、福島県、富岡町の合同調査結果（すべての区域の全町民を対象）では、「戻らないと決めている」と答えた人が四八パーセントで、「まだ判断がつかない」「帰りたいが帰れない」を加えると元の町民の八五パーセントが帰還出来るとは思っていない。アンケートの回答者は六〇歳台、七〇歳台が七割なので若い人の意見は反映されておらず、実際にはさらに帰還する考えのない町民の割合は多いはずだ。

現在、福島第一原発周辺の町村で解除された区域に居住している住民の数は事故前の一割から五割。しかもその半数が新たに移住してきた住民で、元の住民と同数になっている。そこで自治体では帰還を進めると言いながらも、実際には新たな住民を呼び込むことに力を入れようとしている。

こうなった原因は第一に、避難に伴う土地家屋の賠償が極めて高い水準で支払われ、その上に月一人一〇万円の精神的慰謝料（累計一人七〇〇〜一五〇〇万円）も加わり、避難先などに土地も広く立派な家を構えることが出来たことだ。

第二に、避難指定解除が遅れ避難期間が長くなりすぎたこと。就職先、通学先、通院先などを探してそこに固定化されてしまった。解除も地域的に大きな括りで行われ、除染による放射線量低下やインフラ復旧などの状況は正確に反映されず、当然戻れるところもいつまでも避難解除にならなかった。これは帰還困難区域でも続いている。高齢者は避難してから一〇年以上経過したため、後期高齢者になり身体が弱ったり、車の運転など田舎暮らしのための条件が失われたりした人も多い。

第三に、帰還した場合のメリットは帰還しなかった場合とくらべて特段なものはなく、帰還することで避難中のいろいろな優遇措置が外される恐れがあると考えている人もいる。除染によって発生した放射性廃棄物の置き場として土地を提供している人や、復旧工事や廃炉工事の関係者用に宿舎として家や土地を貸している人は、帰還すれば安定した収入を失うことにもなる。

第四に、かつてのアンケート調査の回答にも見られたが、「他の人が帰らないから自分も帰らない」という互いに様子を見る姿勢があり、生まれ故郷の町とのつながりは維持したいものの帰還に勢いはない。町での今後の生活に「医療機関の充実」「介護・福祉施設の充実」を望んでいることもアンケート回答者の多くが高齢であることの証で、原発周辺自治体が今後、力をいれなくてはならないことが何かが端的に出ている。

6、帰還者数の把握

住民帰還に関する統計調査に不備がある。いつまでにどれだけという目標値もない。これはおかしくないか。実は復興庁も福島県も、福島第一原発の事故で避難指示が出た市町村における現時点での帰還者の人数を把握していない。インターネットで探しても出てこないので、県に問合わせたところ、「人

表1　市町村ごとの帰還者数と帰還率

市町村名	帰還した人数	避難前の人口	帰還率(%)
田村市(一部)	223人	287人	77.7
南相馬市(一部)	3566	9286	38.4
川俣町	330	946	34.9
広野町	4128	5458	75.6
樽葉町	3613	8011	45.1
富岡町	835	15830	5.3
川内村	2165	2932	73.8
浪江町	873	21434	4.1
葛尾村	989	6473	15.3
大熊町(未解除)	0	11505	0
双葉町(未解除)	0	6939	0
合計	16999	90651	18.8

口(住民票上の人数)は把握して毎月出ていますが、どのくらい帰還したか(実際にそこで暮らしている人数)については、こちらでは把握していません。たぶん復興庁も把握していないのでは」とバツの悪そうな口ぶりだった。「ときどき新聞に帰還者数や帰還率の表が出るが」というと、「それは各社の記者さんが各町村に当たってまとめられていると思います」と答えた。復興庁の被災者支援班に電話するとやはり把握していない。福島担当に電話をまわされるが、ここでも同じだった。どうしても知りたいと言ったら、後刻各町村発表の数字を教えてきた。それを書きとったのが上の表である(表1)。帰還率は手計算した。なるほど調査時点もばらばらだ。

復興を計画管理しているところが、実際にどの程度の割合で住民が帰還しているかを把握していない。メディアが文句も言わずに各市町村に取材しているのにも驚いた。大熊町と双葉町以外はとっくに区域指定解除しているのだから、その後、帰還率がどのように変化しているかをグラフにして示すべきである。避難者が全国どこに避難しているかは都道府県別に詳しく調査されて定期的に発表されている。避難中のケアも大事だが、それ以上に帰還者数の把握をしっかやるべきだ。

7、これ以上の帰還は無理

震災から一〇年経った時点で、復興庁はさらに五年存続することになったが、今から五年後でも原発周辺の四町平均で東日本大震災・原発事故発生以前の人口の約一〇分の一が戻るのはかなり厳しいと思われる。高齢者の比率は五割~八割になり、統計上は毎年二~三パーセントは亡くなることが高い確度で予測される。戻って元の住居や公営住宅に住む人が増えてもそれは高齢者であり、何年か後には一定の割合で要介護や入院が必要となる。元の住民の帰還だけでは先の展望は開けない。

これでは行政の効率性の悪さ、税収など財源不足、行政を中心とした働き手不足により地方自治が成り立たなくなる。その時点で、もし四町が合併したとしても全国平均からすれば途方もない人口密度の低さ、高齢化率である。避難先などに家を建て、住民票を置いているだけの町民を人口にカウントすることは、ふるさととして関係を切らないようにすることにつながるが、この人たちの帰還を当てには出来ない。

避難先の自治体には国から避難者のための行政負担に対して財政措置が取られているが、避難先に家を確保した避難者に対しては、住民票を元の町に置いたままの状態を認めないようにすべきである。そうしなければ、帰還する住民がこれ以上いないという現実がいつまでも見えてこず、実現性のない目標を追い続け時間と費用を無駄にしてしまうからだ。

8、やめられない帰還勧誘策

今、避難指示解除になった原発周辺の町村には帰還した高齢の元住民と廃炉や除染で他県から来た人たちが住んでいる。元住民は毎年何人かが亡くなるので、他県から来た新住民の割合が徐々に増えていく。にもかかわらず町村は住民帰還のための方策を復興予算でいまだに続けている。

避難先で生まれた世代にとっては、原発周辺の地域は親たちの故郷であり、自分の生まれ故郷ではないし、母校のある場所でもない。避難した勤労世代が高齢になり、リタイアするとともに生まれ故郷で余生を過ごそうとするかもしれないが、その数は限定的だろう。今、帰還が進んでいない地域では、家も庭も荒れ果てて国の金で取り壊しの手続きをする人がほとんどだ。原発周辺およびその外側の山間部では除染も行われないし、野生動物の楽園になりつつある。町村は駆除をしているが住民は自家菜園や家に侵入しないように鉄柵を敷地に張り巡らしている。

このような状況では、帰還住民を当て込んで先行投資した医療機関や商業施設を維持するのはだんだん苦しくなる。原発周辺の地域以外の県内の市町村も人口減少、高齢化が激しさを増すばかりで、なんとか地域から人が出ていかないよう努力しているので、そこから原発周辺に人を呼び込むことは難しい。

9、県民のストレスのもと

福島第一原発の事故では突然強制的避難指示が出された。それは戦時中の強制疎開というより三宅島の噴火に近かった。そして、いまだに避難させられていることは、自分の意思でないだけに極めて不本意であり、避難者には強い被害者意識が残っている。

原発周辺の住民は寝耳に水の重大事故に驚いたが、今まで原発とともに暮らし、身内にも関係者がいるという複雑な事情があった。その人たちからすれば「事故が起きてしまったことはいまさら言ってもしょうがない。だが、賠償だけはしっかりやってくれ」ということになる。これは避難所で避難者から聞いた言葉だ。多くの避難者が避難生活は仕方がないと自分を納得させているが、仕事や人間関係がうまくいかなかったとき、もしも原発事故がなかったら違った人生になっただろうと考え、悔しさがこみ上げてくる。避難先で賠償金を元手に成功を収めても、精神的苦痛の一人一千数百万円の賠償によって、

図3　気分の落ち込みや不安に対し支援が必要な人の割合

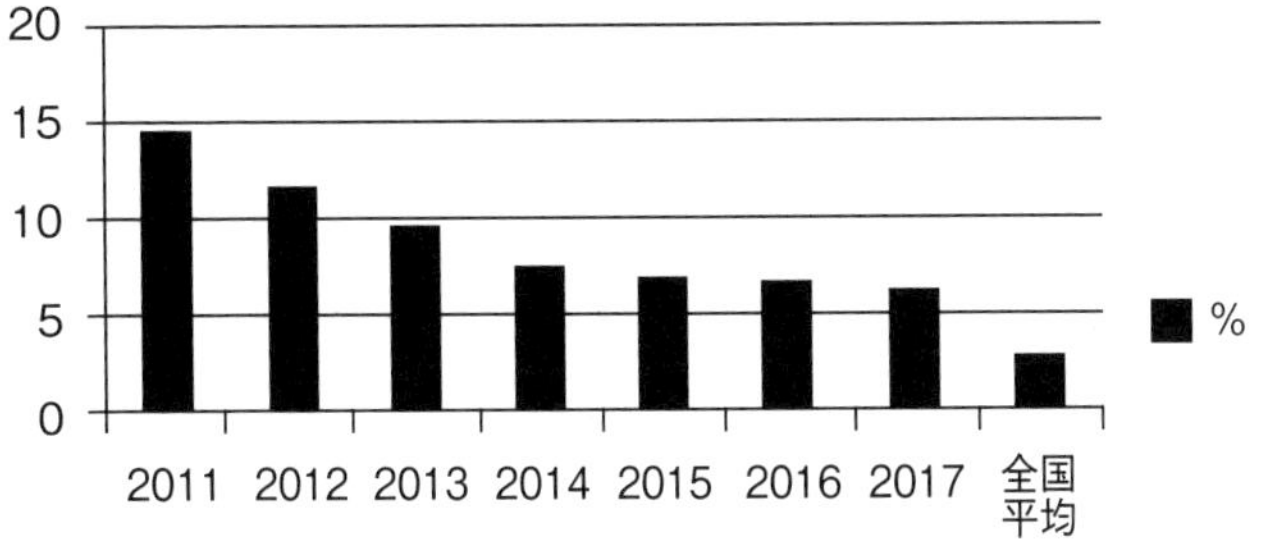

（出典）福島県立医大ホームページ

大学進学が出来た人も原発事故のおかげでとは言わないのが人間だ。

原発周辺以外の地域でも大混乱とともに県のイメージダウンが起き、国内外から「福島イコール放射能汚染地域」と固定した印象を持たれてしまった。また、避難した人には大きな賠償が行われたこと、地域や家族構成などによる差も大きかったことが原因で県民の中で分断が起きてしまい、誰もが東京電力はとんでもないことをしてくれたと思っている。

毎年定期的に行われている福島県立医大の「県民健康調査」によれば、事故から七年経過しても福島県民のストレスはいまだに全国平均の倍である（図3）。

県は県民の心と身体を心配して調査をしているのだが、県民はアンケート調査されることで当時を思い出しストレスになる。メディアが事故の時のことや現在の状況を報じると、自分たちのことを忘れてもらってはこまると思う一方、ストレスの元になるからそっとしておいてほしいとも思う。県民にとっては原発事故の

後遺症は実にやっかいなものなのだ

10、取り残される帰還希望者

従来、国（内閣府）は区域解除に関して、「放射線量が年二〇ミリシーベルト以下」「十分な除染とインフラ整備」「地元と十分協議」の三要件を満たして解除するとしてきた。二〇二〇年になって、国は新たに「人が住まないことが想定される場所について、地元が土地活用を要望していれば、十分な除染でなく線量低減措置をして解除」という新方式を言い出し、県内市町村に波紋を起こしている。

きっかけとなったのは、飯舘村が公園整備などの土地活用をしたいとして、帰還困難区域の「除染なし解除」を国に求めたことだ。村は当該地区の住民に「今後、解除されても帰還しない」という確認までしたとされている。これは避難指示のあった原発周辺の六町村でつくった協議会の「除染を前提とした解除」の方針に反し、早速、双葉町長などが環境大臣に「除染したのちに解除」をあらためて申し入れた。足並みを乱したとして飯舘村は他の町村に協議会から出るよう促されて離脱した。飯舘村以外の地元の自治体は住民の意向を受けて「除染なし解除」など政府の勝手なやり方は認めないとあらためて表明している。

今回要望を出した飯舘村は、過去にも一一億円をかけて小中一貫教育校を整備したが新入生がいなく

ボランティア（福島原発行動隊）による自宅の庭の除草作業

て一年後に休校したとか、その地域を特定復興拠点に指定することを条件に全国で最初に除染で出た土を再利用することに同意したなど、県内でも特異な動きをしている自治体だ。

今回も「ふるさととのつながりの象徴となる復興公園をつくりたい」と政府に訴えた。政府関係者は「除染しなくてもいいという意味だ」と受け止め、積み上がった除染費用を少しでも減らすにはもってこいの要望と直ぐに反応した。飯舘村は建前より実利を取ったかたちだが、二つの意味でこれまで国が地元自治体に約束をしてきたことに反した。第一点は「除染なしの解除」、第二点は「住民の帰還を目指す」ことだ。

第一点は従来、実際の線量に関係なく不安を取り除くために、原発周辺以外の県内全域を「事故前の年間線量プラス一ミリシーベルト」という厳しい基準で除染をしていたが、今回はしないでもかまわないということ。では、これまで原発から一〇〇キロも離れ線量も低いJR郡山駅前の広場や国道四号線を除染し、市内の一般住宅まで除染したことは、いったい何だったのかという疑問を帰還しようとする住民に抱かせることになる。原子力規制委員会の更田委員長は「年間二〇ミリシーベルト以下であれば、これまでの解除基準の考えと変わらず解除できる」としたうえで、「除染の有無を解除の要件にするのは科学的な議論とは言えない」との見解を示した。

第二点は「住民を帰還させる」ことの否定だ。アンケート調査をするたびに、多くの住民が戻る意思がないことが確認されているが、それでも自治体は帰還してもらうための努力をしている。

飯舘村のやったことは原発に近い自治体の首長がずっと主張し、国に約束を取り付けてきたことを突然撤回するのと同じで、首長だけでなく住民の多くも驚いた。「居住を伴わないのであれば除染しないでも良い」というのはどういうことか。裏を返せば、住民の不安という漠然としたものを緩和することに国が莫大な税金を投じてきたこと、住民が「帰還しない」という意思表示をしているにもかかわらず、自治体が「ひとりでも多く帰還させる」という旗を長いあいだ下ろさなかったことが合理的ではないと飯舘村に指摘されたようなものだ。

先年、帰還困難区域の一部を除染して先行して解除をすること決めた際に、「除染の有無を解除の要件にするのは科学的な議論とは言えない」として、もっと範囲を広く解除を決めるべきではなかったのか。未だに解除の見通しもつかない帰還困難区域の住民のうち帰還の意志のある人たち（筆者もその一人だが）が、家屋や庭の手入れをしながら何故いままで待たされているのか、これ以上解除が先送りされれば、いままでの家屋の維持などの苦労が水の泡になりかねないと危機感を持っている。

　事故から一〇年経ってセシウムなど放射能が半減しており、帰還困難区域内もかつてのような高線量の場所は少なくなっている。復興期間の延長もスタートするこのタイミングで、国は思い切って予算と人を投じて早急に帰還困難区域になっている市街地全域を解除すべきである。今まで国は除染に三兆二〇〇〇億円も使っておきながら、一番長く辛抱した人たちの所の解除をだらだらと先延ばしにするのは納得がいかない。国は方針変更するなら帰還困難区域の住民にしっかりと説明すべきだ。

　長い避難で住居を移転したため、解除後に帰還すると意思表示している人は少数派だ。建物は痛み、庭は荒れ放題になっている家がほとんどだ。筆者のように一〇年間、毎月一時帰宅して家を見回り、ボランティアの人々の応援を受けて庭の草刈や樹木の手入れをしてきた人はごく少数だろう。だが、それは政府が除染をしたのち解除するという方針を掲げたからである。家の庭では既に年間二〇ミリシーベルトを下回っているし、電気、水道はすぐにでも復旧出来るまでインフラの整備も進んでいる。二年前に解除され既に住民が住んでいる区域とは直線距離で五〇メートルもない。

　人が住まないことを条件に除染しないで解除するというのは特殊な場合だ。この方式をどんどん適応されては帰還しようとする人々は迷惑だ。むしろ、きちんと測定をして年間二〇ミリ以下を確認し、本人が同意すれば除染しないで規制解除するというほうが理屈にあっているし、すくなくとも自身は納得する。現在、国道沿いなど帰還困難区域の八パーセントだけを除染して解除を急いでいるが、帰還する意思のある少数派の住民のために簡易な除染をして解除する地域を増やしたり、測定結果で年間二〇ミリを超える地点だけ立ち入り禁止区域を柵で囲うなどの方法を取ることを考えてみてはどうか（JR常磐線夜の森駅の東側では道路だけ解除して住宅地などは立ち入り禁止の柵にしている）。

この件について国、県、町から住民には一切説明はない。念の為に県にも確認したが、県の担当者も報道で知ったとのこと。自治体間で意見の差があったところにつけ込んで、メディアにリークして自分たちの都合の良い方向にもっていこうとする国のやり方には腹が立つし、県の傍観者的態度にも呆れてしまう。

11、腰の引けた説明

富岡町が二か月に一回、各世帯向けに配布している六ページ、カラー版の冊子「ライフとみおか」の最新号は、サブタイトルに「放射線情報まとめニュース」とあり、町内の放射性物質濃度の現状、長崎大学のリスクコミュニケーション、Q＆Aなどが主な内容だ。編集は富岡町役場健康づくり課となっている。

トップ記事は、町内の川や海における放射性物質濃度の現状。町の中央を流れる富岡川の上流から河口までの六か所の水の測定結果を表で示している。測定したのはセシウム一三四とセシウム一三七で、河口付近のセシウム一三七の〇・六四Ｂｑ／Ｋｇ以外はすべてＮＤとなっている。

続いて富岡沖で採取された魚、富岡川で採取された魚についても測定結果が表になっている。海産魚はすべてＮＤとなっているが、アユ、イワナ、ヤマメの川魚からは、ほとんどがスクリーニングレベル（五〇Ｂｑ／Ｋｇ）超過が見られたとしている。（注）にはスクリーニングレベルの定義が書いてあり、「基準値（一〇〇Ｂｑ／Ｋｇ）を確実に下回ると判定するための値のことで一〇〇Ｂｑ／Ｋｇの二分の一と定められている。「傾向的には川魚の方が放射性物質の蓄積が多い結果となりました」とも書かれている。

続くページは富岡町で採取された栗についてだ。測定結果とともにまとめとして、「栗の鬼皮を剥いて茹で、さらに渋皮を剥くことで可食部に含まれているセシウムがある程度取り除かれることがわかりました」とある。また、「調理によるセシウムの低減化が認められる野菜などの食品は他にもある」と書かれている。

町民がこれらの記事を読んで理解し判断出来るのだろうか。一番知りたいのは川魚や栗を食べても良いかだ。基準値以下なら食べても良いと解釈する人もいるかもしれないが、食する量や頻度がどの程度なら大丈夫なのか。素人向きには「毎日何キロも川魚を食べればだめだが、一週間に何グラム程度なら問題ない」というような表現であって欲しい。

栗は鬼皮や渋皮を剥くことが食べる栗の放射能を減らすことになるのは理解するだろうが、どの程度の量や頻度なら問題がないのかがわからない。子供はだめだが、大人は良いのかも気にする人もいるはずだ。

　どのような食生活が良いのか、どこに気をつけていればよいのか、それとも出回っている食品は何を食べても大丈夫なのかは読んでもわからない。基準値超がこれほどあるのでは町に帰還しても地元で採れる食材はうかつに食べられないと思うだろう。福島県ではいまだに露店で売っていたキノコや山菜に高い値が出たなどのニュースを見ることがあるから住民は疑心暗鬼になりがちだ。

　地元の生産物を食べる機会のある人の立場になって記事が書かれないので、安心のために出している冊子が逆に放射能の不安をバラまく結果になっている。内容について大学や専門家が関わっていると思われるのだが、誰もが安全性を説明するのに腰が引けているようだ。

12、忖度を感じる展示内容

　複合災害の記録と教訓を将来に引き継ぐ目的で、震災から九年にして双葉町に東日本大震災・原子力災害伝承館が開館した。収集された多くの品々、当時の様子を語る自治体職員のビデオ、語り部の講演もあり、当時の住民の苦労や消防、警察、病院スタッフなどの活躍ぶりがよくわかる。

　福島第一原発の事故が起きる前、東京電力、国、県、市町村は明らかに災害対応や避難を甘く見ていた。オフサイトセンターや放射能拡散シミュレーションをするＳＰＥＥＤＩを始めとする設備の脆弱さ、シ

東日本大震災・原発災害伝承館

ナリオをなぞるだけだった事故訓練、おそまつな避難計画、そして住民の低い関心。設置目的からすれば、こうした反省点が全国の原発立地地域の自治体や人々の役に立つようにすることが必要であるが、事故以前の準備や意識がどうであったかは示されておらず、教訓を他の立地地域や次世代に引き継ぐ部分が欠落している。これが今流行りの国、自治体、住民への忖度であるなら残念だ。

こうした印象を持ったのは筆者以外にも多数いたようで、批判に耐えられず県は二〇二一年になって展示内容を変更、追加すると発表した。そのひとつとして、もともと国道六号線から双葉駅に通じる道路に「原子力　明るい未来のエネルギー」の横断看板の現物が展示されるようになり、一〇〇億円かけて開発したが使えなかった放射能拡散シミュレーションシステムＳＰＥＥＤＩのいきさつも表示されるようになった。このようなことでも、地元住民と県庁の温度差が感じられる。

13、問題の多かった賠償内容

文部科学省の損害賠償審査会は指針で不動産の賠償基準を示したが、都市部では家が建たないと不満が出ると直ぐに割増を認めた。避難者は賠償枠いっぱいに使おうと、避難先の広い敷地に大きな家を新築したが、これが周囲の住民の嫉妬につながった。

不動産の賠償がおこなわれた際、東京電力は不動産の取引価格より多めの額を支払った。それは古い住宅ほど有利になるようなものだった。しかも賠償をしても東京電力は所有権の移転を求めず、買取りではなくあくまで長期間使用出来なくなったことへの賠償という形にこだわった。このやり方が後に不公平さを産んだ。数年で避難指示が解除になった地域では所有者は農地であれば耕作を再開出来たし、土地や家屋を廃炉工事のために遠方から来た業者の事務所や社宅・寮として、また土地は資材置き場や駐車場として貸して賃料収入を得ることが出来た。一方、解除されない地域の所有者はそのようなことが出来ないばかりか自由な出入りさえ叶わなかった。ただし、帰還困難区域に広い農地などを所有していた農家は、環境省に除染で発生した汚染土壌の入った袋（フレコンバッグ）の置き場として貸して賃料を稼ぐことが出来た。その賃料は田として別の農業者に貸す場合よりはるかに高い単価だったため、この事故をきっかけに農家を廃業しようとした農家はこれを受け入れた。

「精神的苦痛に対する賠償」は避難の月数と人数と基準額（幼児も含め最大一人月一〇万円）を掛けて

計算され、帰還困難区域の場合四人家族で数千万円を手にしたため「東電宝くじ」と揶揄された。個人事業主の営業損失の賠償では詐欺事件が何件も発生した。処理のスピードを優先したため審査は甘かったのである。道路一本を隔てて賠償額が異なることから避難者間でも分断が発生。今もわだかまりが解消していない。

避難者はスーパーでたくさん買い物をしたとき、レジで大きな金額が出ると後ろに並んでいる人の反応が気になる。また、病院で自己負担免除の証明を提示して会計を済ますときも会計係の顔色をうかがう癖がついている。避難してしばらくの間にあった「いわきナンバー」の新車が傷つけられたり、飲食店で他の客からいやみを言われたりする明白ないじめこそ聞かなくなったが、避難者同士も会話をしながら腹の探り合いをするなど陰湿な雰囲気はなくならない。

14、賠償が県民分断の原因に

福島の人々が最も憂慮しているのが避難によって起きた県内での人々の分断だ。県内は避難者にとって見知らぬ土地ではなく年に何回かは行き来していたところでもある。親戚、友人、同僚、先輩後輩、取引先もいる。だが、避難者が避難した先、あるいは移住した先であまり歓迎されず、車が傷つけられるなど次々といやがらせ、無視、口をきかないなど冷たい仕打ちを受けた。精神的苦痛に対する賠償の額の違い（最大一人あたり一四五〇万円、最小四万円）、賠償金で購入した新築の豪邸や高級車を見るにつけ避難先住民は嫉妬心が起きる。避難者同士も道路一本の違いでの賠償金の差に納得がいかない。移住先で商売を再開した人たちは、元から商売をしていた人から見れば思いがけない競争相手だ。避難して再開した人も顧客開拓しなくてはならない。

もともと不足していた医療機関や介護施設には避難者も来るようになり、混雑は一層ひどくなる。しかも避難者は健康保険税が免除され、自己負担もないことが徐々に伝わった。浜通り地域の自治体の復興のために投じられる予算の大きさや使われ方も気になる。福島の人々からすれば、原発事故さえなければ県民同士でこんな諍いは起きなかった。東京電力は福島県民に対してとんでもないことをしてくれたという結論になる。

15、福島は二度壊された

避難先で仮設住宅や借家（いわゆる見なし仮設）に住んでいる避難者は、この一〇年間、毎月六万円を限度とする補助を受けている。家賃補助を切られた自主避難者から見ると大きな差を感じるはずだ。さらに健康保険税と個人負担、介護保険料、ＮＨＫ受信料（年間一括で一万三九九〇円、ＢＳの二万四七七〇円の全額免除）を免除する措置がとられた。これは一〇年にもなると累積の免除額は大きなものだ。徴収されているのは住民税と所得税、それに新たに入手した住まいの固定資産税くらいだ。避難指示が解除されると一年後に免除はなくなる。避難者は早急に除染を終わらせ区域の解除をしてもらいたいと言いつつも、解除されたらとたんに生活レベルを見直さなくてはならないのは必至。「今、解除されたら年金から健康保険と介護保険を引かれて生活出来なくなる」というのが本音だろう。

他にも国から配布された顔写真付きの「ふるさとカード」を高速道路の料金所で見せると、福島県内のインターチェンジの場合、乗り降りが全額無料になる。例えば郡山市から仙台市まで行くと理由は問われず（単に遊びに行く場合も）片道三五〇〇円。往復で七〇〇〇円がタダになる。カードは何回でも使えて日本全国どこでも行ける。この配布対象は広く、事故当時避難指示が出た区域に住民票があった人が対象で、数年前に解除されている南相馬市の住民にもいまだにカードが配布されているのだ。事業用の車でフル活用しているケースもあるようで、本来の目的以外の使用はしないよう二〇二一年度に通達が出た。

このような減免措置のことは避難先の一般住民にも少しづつ知られるようになっている。最近聞いた話では、農繁期限定の仕事を見つけて働きに出た避難中の女性が、職場で楽しく選果作業をやっていたが、ある日避難しているとわかったとたん、職場の誰からも口をきいてもらえなくなって仕事をやめたそうだ。

この背景には、この一〇年で一般家庭の生活が相当厳しくなっている背景がある。スーパーに行くと以前とちがって肉といえば外国産ばかり。国産は少なく値段は外国産の倍で売られている。大量に並べてあるスープ付のラーメン（二人分）の袋になんと九五円の値がついている。こんな安い商品は以前なかった。避難者に口をきかなくなった仕事仲間からすれば、「ずっと家賃タダで楽に生活している避難者が、なんで日当稼ぎに来るの」と言いたいのだろう。

長期間の避難で住居や田畑、それに生産設備が破壊された。さらに県民が分断されたことから「福島は原発事故によって二度壊された」ことになる。

16、報道映像と現実の差

景色にせよ料理にせよ、テレビや写真が映すものは何でも綺麗で美味しそうに見える。実際に行ってみるとがっかりすることがほとんどだ。レンズフィルターなどを使うのだろうか、綺麗に見せる映像技術は進み、現実との落差が拡大するばかりだ。

民放テレビの夕方のニュース番組を見ていると、最後に「きぼう」というコーナーがあり、今年県内で生まれた赤ちゃんが両親とともに紹介される。福島県では震災と原発事故の後、一時期落ち込んだ出生率が回復し全国平均を若干上回っている。可愛い赤ちゃんの顔と幸せそうな両親を見ると、タイトル通り希望を感じ、視聴者を元気づけ明るい気持ちにさせることに成功している。しかし、現実には県内では生まれる人数の二倍の死亡者がいるため、一か月間に七〇〇人のマイナスである。さらにさらに県外流出が二〇〇人いるため、約九〇〇人がいなくなっている計算だ（二〇一八年七月の数字）。人口は確実に減少しているが、このことはあえて触れられない。

被災地の農業についても、取り上げられるのは帰還して農業再生に取り組む姿ばかりだ。同じ人が違うテレビ局で何回も出る。最近、富岡町の産業振興課が町内の農地所有者の意向を調査したところでは、「貸したい」が二五パーセント、「集約に協力したい」一三パーセント、「売りたい」一二パーセント、「転用したい」八パーセント、未定やその他が四一パーセントとなっていて、耕作したいはわずか一パーセントと危機的状況が見えてくる。農家の高齢化と避難により移住したため、ただでさえ少ない後継者がほとんどいなくなり、除染のために表土を剥ぎ取られ、雑草に覆われ農地として再開するには最初からやり直さねばならないからだ。既に一年半前に、町内の三分の二が除染終了し帰還が可能になっているが、事態はよくなる兆しがない。毎月富岡町を訪れるたびに増えているのは、農地だったところにつくられた廃棄物の仮置き場とソーラー発電施設だ。

明るい映像がいけないと言っているわけではない。バランスのとれた内容にしないと、ほとんどの情報をテレビや新聞から得ている県民が、避難区域の本当の姿を知らないまま、なんとなく復興が順調に進んでいると思い込んでしまう。明るい面を強調するのは報道機関だけではない。県や市町村の広報誌も同じ傾向を持っている。

福島県が復興を成し遂げるかは県民の覚悟にかかっている。実態をあますところなく伝え、現実認識をしっかりして問題意識を持ってもらう必要がある。映像や写真のイメージだけでなく、統計資料をグラフや表で見せるなど、数量的に捉えたもの、全体像がわかるものを併せて提供することが求められている。そうでないと、将来グルメや旅番組のように情報が信用されなくなる。

17、次々に明らかになる課題

避難した住民の物的精神的負担は大きかった。家畜や農作物の放棄、除染の際に出る汚染した土壌の私有地での保管、それらを中間貯蔵するための地権者による土地の提供、廃棄物焼却灰処分場の受け入れ。除染せずに仮置き場や仕分け場への帰還困難区域内の土地使用。

漁業者は放射能検査をするために魚を捕獲する仕事から開始して、次に魚種を絞って徐々に試験操業に入り全数検査の後に市場に出荷したが、地方はともかく豊洲市場では買い手がつかなかった。また、年間に何件かの基準超の魚が見つかるその種類は捕獲対象外とした。その後も価格が低迷したまま、漁獲高も事故前の数分の一だ。それでも魚種を増やして二〇二一年四月から本格操業に入ったが、政府がタイミング悪くタンクに貯め続けた汚染水を処理後に薄めて海に放流することを決めた。再び風評被害が広がるのは必至で、いまだに県漁連は放流に反対をしている。

原発ではいままでに解体したものをすべて構内に仮置きしている。それらをどこか別の場所に運び出すあてもない。帰還困難区域の住民の家への立ち入り時間について曜日や時間で制限しており宿泊はもちろん出来ないなど、いまだに住民に負担をさせ苦渋の決断を迫り続けている。

この一〇年、福島第一原発の事故の影響は少なくなるどころか、解決がより困難な課題が次々と明らかになっている。地元の安全にとって肝心の廃炉そのものがまだ手探りの状態であり、しっかりした計画を作ることが出来ない。除染による土壌の処分先、使用済み燃料や解体にともなう放射性廃棄物の保管先、処分先なども地元との約束はしたが、この間、事態は変わらず先送りされたままで何の進展もない。このままではいずれ廃炉作業を進めることさえ出来なくなることも考えられる。それは地元にとって受け入れがたいことである。

結局、処理後の汚染水は希釈して海洋に放流、中間貯蔵施設は放射能が半減した汚染土壌などの保管期限をさらに先延ばし、解体した残材や高レベル放射性廃棄物、燃料デブリは期限なしで敷地内に仮置きを認めるという苦渋の決断を地元がしなくてはならない日が来るのではないか。

18、原発事故の記憶は風化したか

福島第一原発の事故から一〇年経過した。当初、この大事故も何年かすれば風化すると思っていたが、自分としては今もあまり風化していないというのが実感だ。それは自宅が帰還困難区域にあり、いまだに避難が続いており毎月一回は家の確認と庭の手入れのために一時立ち入りをしているせいでもある。

世間でもあまり風化していないようだ。原因は事故の影響がいまだに続いていることだろう。避難している人がまだたくさんいる。避難者の定義が明確でないため大きな数字になりがちだ。福島県ではNHK総合テレビで天気予報の後に毎日必ず各地の放射線量を報じる。線量は大幅に下がっているが、以前との比較をしないのであいかわらず健康に影響のある線量があるのではとの誤解を撒き散らしている。東京電力の旧経営陣の責任を問う裁判や賠償請求が続いている。高齢者を中心に避難者の県内外での関連死はあいかわらずなくならない。

目に見えるところでは、津波の被害の大きかった三陸では防潮堤が完成し、住宅地のかさ上げ工事も終わり、津波の被害は震災遺構として特別なものになっている。ところが福島では鉄骨むき出しの原発がそのまま残っていて現実が遺構そのもので、常時四〇〇〇人もの人が廃炉作業にあたっている。その現場では一〇年経っても新たに線量の極端に高い箇所が発見され、デブリの取り出し方法が決まらず廃炉が難航して工程の見直しが繰り返されている。福島第一原発の事故は風化するどころか日々継続中だ。

19、手放さずに別荘に

富岡町にある自宅は区域指定後一〇年たつが依然として帰還困難区域のままだ。同じ行政区に住んでいた人に久しぶりにあったが、茨城県北部の分譲地を探して従来通り畑が出来る広い敷地が欲しかったので二区画続きで購入し家を新築したそうだ。「富岡町の家が解除された後に少し手入れをすれば住めるような状態だったらどうする」と尋ねると、「今住んでいるところから車で二時間程度なので、別荘としてたまに行くようになるのかな」と返事が返ってきた。東京電力は賠償に当たって帰還困難区域の不動産について評価額全額を支払ったが、もとの不動産所有権はそのまま住民のものとしている。

既に解除された区域では、廃炉や除染の工事業者などに土地や家を売ったり貸したりしている住民もいるが、手放さずに「将来は別荘」と考えている人も多いはずだ。町はインフラの整備や商業施設の誘致など着々と手を打っているので、それも十分可能だ。ただ、本格的に富岡町に戻るには、中通りや会津やいわき市など避難先に新築あるいは中古で購入した家がある。将来はそれらを売るか、貸すかしなくてはならないが、高齢者であればそうする可能性がまだある。高齢者以外は仕事や子供の学校の問題があってよほど条件が整わないと無理だ。

県内で避難している人たちは、解除されれば帰りたいという気持ちが少しはあるが、東京など県外に行ってしまった人は帰る気持ちは少ない。帰還困難区域でも一時立ち入りが年間三二回可能だが、ほとんどの家は庭も荒れ放題。一時立ち入りした形跡がほとんどない。「将来は別荘」と考えているのなら家屋や庭の手入れは必要だ。

浜通りは住みやすい気候風土が魅力だ。盆地の中通りや会津と比べると、浜通りは海洋性気候で平均気温が夏は五度低く、冬は五度高い。これから異常気象で山間部がもっと暑さ寒さがひどくなれば浜通りが別荘として再評価される可能性は十分にある。都会では農業志向の若者が増加。リタイア組も一番の楽しみは土に触れること、野菜や花を作って自分で食べたり友達に分け与えたりしたいと思っている。本屋に行くと雑誌コーナーに「田舎暮らしの本」という月刊誌まである。浜通りはこうした人たちを別荘どころか定住で受け入れるのに最適なところだ。さらに海が近くにあることは大きな楽しみで、釣り好きな人でなくとも、エンジョイ出来ること間違いない。常磐自動車道の全線開通も朗報だ。

別荘地として問題なのは、ご近所さんが戻らずに庭が草だらけになっていることと、野生動物の被害。さらに、いまだに黒い袋に入った放射性廃棄物が山積みになっており、そうでないところもメガソーラーに覆われていて、かつての田園風景とはいささか違う景観にがっかりすることだ。元住民が「別荘生活」を始めるにも、まだまだハードルは高い。

20、帰還したのは高齢者世帯

男女とも六〇歳になるまでに死亡する確率は一〇パーセント以下。死亡率が急激に上昇するのは、男女とも七〇歳を超えてからだ。医学が進歩するとはいえ、これからもその傾向は変わらないはずだ。

避難指示がほぼ解除された福島県の富岡町が行った「帰還に関する住民アンケート調査（二〇一八年

表２　帰還に対する富岡町民の意思（2018 年３月実施）

	既に戻っている	戻りたい
10～20代	0%	6.0%
30代	2.7	3.5
40代	1.5	8.2
50代	3.4	11.9
60代	2.7	12.2
70代以上	3.6	12.9

三月、表２）によれば、帰還に対する住民の意思は低いままで、特に四〇代以下の世代が一割に達していない。「既に戻っている」「戻りたい」以外の選択肢は「戻りたいがもどれない」「判断がつかない」「戻らないと決めている」である。

二つのデータを併せて考えてみる。

富岡町の場合、ほとんどの区域で避難指示が解除され今後も完全な解除を目指しているが、現実的には少数の住民が戻ることはあっても、その先は戻った人のなかから亡くなる人が増えていき、人口は増えるどころか毎年減っていくことになる。若い世代を新たに呼び込むしか富岡町の人口を増やすことは出来ないのだ。現在、東京に地方から若い人が集まっているが、東京でも人口の多くは高齢者と高齢者予備軍であり、二〇二六年からは東京の人口も減っていくという予測がある。富岡町の場合はすでにその状況になっているのである。

富岡町では東京電力社員のボランティア活動によって空き地や住民が住んでいない家の庭の草刈が行われているが、これは福島第一原発の事故があったからで、一般的には住民が草刈をするもの。かつて富岡町に住んでいたときは、毎月のように行政区の住民が休日の朝早く道路脇の草刈や水路の清掃をしていた。そうしなければ車が行き交う際に車体は草や枝で傷だらけになる。

高齢者はほとんどが年金生活であり、定年延長や年金支給年齢の引き上げをしたとしても税収源や労働力としては期待出来ず、逆に介護などの費用が増えるため人口が減った自治体の財政を圧迫していく。これはまた、一〇年後の福島県全体の姿ではないか。「十年一昔」と言うが、避難してからもう一〇年がたつ。あっという間だ。福島県の存立の危機は目前に迫っているが、「震災・原発事故からの復興」という言葉に囚われた政治家も住民もメディアにもその切迫感はない。

21、ヘリコプターと医療

新設された富岡町の「県ふたば医療センター附属病院」にはヘリポートが設置され、浜通り専用の多目的医療用ヘリが常駐することになり、福島第一原発の事故以前に比べ緊急医療体制は大幅に整った。現在のところ対象となる住民は浜通りでは数千人だが費用は年間二億九〇〇〇万円かかりこれを県が負担する。もっとも、福島第一原発には廃炉の作業員が数千人いるので、これを合わせると対象者は一万人になる。現場で重大な被ばくをした場合、ヘリで千葉の放医研に空輸すれば、一時間もかからない。だが、現実問題として東海村のＪＣＯ臨界事故のような大きな被ばくは考えにくい。

常磐高速道路も仙台と東京の間が全通したため、救急車でいわき市か南相馬市まで三〇分程度で搬送可能だ。浜通りは地方では緊急医療体制が最も充実した地域になったと言ってもよいだろう。既に運用がされている福島県立医大のドクターヘリもあるので重複とも考えられる。だから、名称を「多目的医療用ヘリ」としてことさら区別したのかもしれない。

こんな華々しいニュースがある一方、避難区域が解除された区域では再開した医療機関を受診する住民が少なく、また医療従事者や施設の維持管理をする人が見つからず人件費が高騰し、約七割が赤字だという。帰還した住民は高齢者が多く、医療体制の充実を求める声が大きいため、どの自治体も努力しているが、元の人口の半分以下、中には一割以下のところもあるから補助金をもらっても所詮民間ではやっていけないのだ。

診断をもとに医師が処方箋を出しても、それを持っていく薬局もない。浜通りの市町村にはかつて二九の薬局があったが、現在はわずか二つにとどまり、しかも南相馬市にしかない。医療機関が近くにあっても薬をもらいに一時間も車を走らせなくてはならない。

今回の多目的医療用ヘリ運用開始は話がヘリだけに「一足飛び」だが、医療全体のバランスのとれた政策にはなっていない。帰還した高齢者にとって、「ヘリより薬局」「ヘリより介護サービス」だろう。「やれることからやる」のはよいが、「やれることしかやらない」になってはいないだろうか。

22、「何でもあり」が復興を阻む

福島県川俣町山木屋地区は、阿武隈高地の北部に位置する山村。飯舘村の西側に隣接しているとしたほうがわかりやすい。山木屋地区は福島第一原発の事故で川俣町の中で唯一避難区域に指定され、二〇一七年三月末に解除されたが、翌年九月までの住民の帰還は三割に留まっている。

事故前の地区の小学生、中学生は計八九人で、事故後は町内の別の小学校、中学校の校舎を間借りして近くに避難した小中学生に授業を続けた。川俣町は二〇一八年四月、山木屋小学校と山木屋中学校を統合し小中一貫校とし、山木屋小学校の校舎を大規模改修して開校することを計画。事前に小中一貫校に通う年代の子どもの保護者を対象に帰還や通学に関する意向調査を行った。蓋を開けてみると、小学六年生五人、中学生二、三年生一〇人の計一五人で小中学校とも新入生はいなかった。

四月には、文部科学省の新妻大臣政務官が出席して開校式が執り行われた。政務官は「皆様に山木屋の学校に戻ってよかったと思っていただけるよう、国としても、山木屋の教育に対して、最大限の支援を行ってまいります」と述べた（文部科学省のホームページより引用）。

ところが、二〇一八年九月二九日付の河北新報によると、「福島・川俣の山木屋小、来春休校も　今春再開も新規入学予定なし」の見出しで、今年春に地元で授業を再開させたばかりなのに（あと半年で）、在校生が全て卒業し、現段階で（来春）入学する児童がいないとのことだった。地元で再開した学校では初めての休校となる可能性があると伝えたのだ。町の教育委員会は、町に住民票があり来春の就学を控える二人の児童の家庭から、避難先の町外の学校に入学する可能性を伝えられたが、引き続き児童の確保に努める方針だとされる。

このことは地元のテレビのローカルニュースでも報道されたが、小学生がいなくなっても中学校は来年度以降も授業を続けるという。今年の四月時点で、小学校は六年生しかいないので今年一年限り。彼らが中学に行っても四年後には生徒がいなくなることは十分に想像がつく。

朝日新聞のローカル版にもこれに関する記事が載った。その記事でショックだったのは、「旧山木屋小学校の改修費が一〇億二〇〇〇万円だった」と明かされていたことだ。記事の書き方は淡々としたものだが、読めば誰もが県や町の計画の甘さ、見境のない予算の使い方に疑問を抱くことだ。その背景には国の福島復興に対する焦りも見え隠れする。他のメディアに改修費に触れたものは見当たらず、朝日新聞の記事でさえ批判的な書きぶりではない。

原発事故でなかったら一〇億二〇〇〇万円が認められなかったことは明らか。本来であれば、結果についても厳しく問われるはずだ。今まで「復興に関するもの、特に原発事故関連であれば、何でもありで批判はタブー」がまかり通ってきたが、これをやめないと福島の真の復興は叶わない。

23、町政懇談会で見えた困難状況

二〇一八年一〇月二〇日の土曜日、これまでも定期的に行われてきた富岡町町政懇談会が郡山市役所の会議室を借りて行われた。対象者は中通りに避難している富岡町民約五〇〇〇人。壇上に並ぶ町側は町長以下各課長以上で総勢三〇名を超している。ところが集まった町民はたったの三五人で、席は前半分が完全に空いている状態だった。

町長挨拶はこれまでの実績・成果の報告。問題点や課題の話はなく、いつもどおり聴衆からの拍手はなし。見渡せば私も含めほとんどが高齢者。帰還困難区域からの人が多いようだった。カラー刷二六ページの資料が配布され、町側から①平成三〇年度予算の概要、②重点施策・重点項目説明、③町内の状況の順で各担当課長より説明があり、開始一時間で懇談に入った。

最初に口火を切った町民は郡山市内の集合場所から来た人で「せっかく町にバスを準備してもらったが、乗り込んだのは私一人だった。懇談会開催の広報の仕方に問題があるのではないか」ということを言った。意見を言ったのは私を含めて四人。

・夜の森駅前の開発ビジョン
・人が住んでいない土地の課税問題
・フォローアップ除染

富岡町の町政懇談会の様子

・これからの町の財源確保策
・帰還困難区域に山積みされた汚染土壌が入った袋の撤去時期
・帰還困難区域の解除に向けた計画
・防犯と鳥獣被害対策
・人口回復、平均年齢を下げるための策

といった内容で、三〇分あまりで終了。以前のように除染の基準など厳しい質問で食い下がる人もいなかった。

町政懇談会は今回の郡山市の前に東京で行われた。県外に避難している富岡町民は二七六六人いるが、首都圏には東京都四二八人、神奈川県二一六人、千葉県三三〇人、茨城県五四一人となっている（二〇一八年三月）。東京での出席者は五人であった。対象人数の多いいわき市での開催は二回で、これからだ。

終了後に司会をした企画課の課長補佐に「以前に比

図４　富岡町帰還者の年齢別割合（単位：歳）

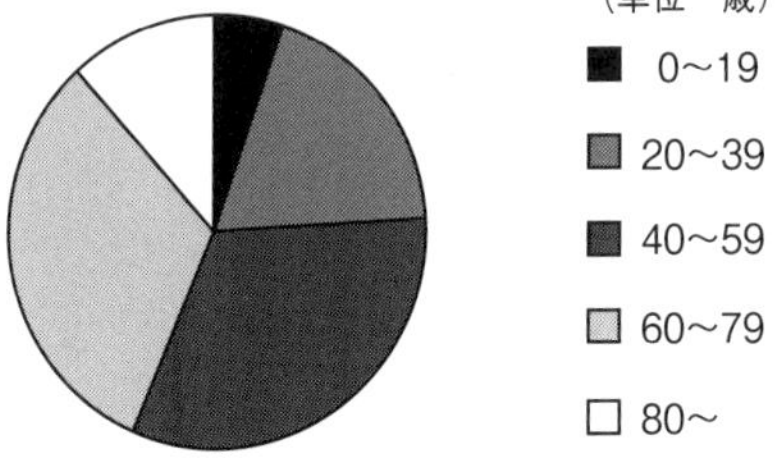

表３　各町村の住民の帰還の意思

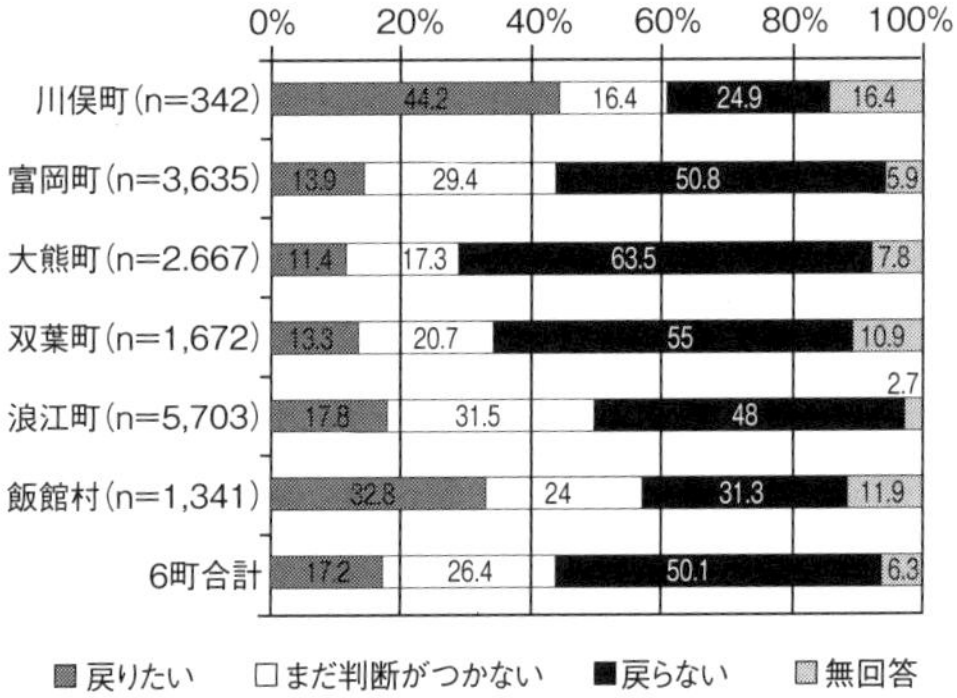

べ、出席者がだいぶ少ないが」と言ったところ、「みなさん、もう落ち着くところに落ち着かれたということでしょうか」という答えが返ってきた。参考までに現在までに帰還した七九一人の年代別の割合を尋ねたが、結果は上のグラフ（図4）のとおりだ。六〇代以降が全体の四割を占めている。六〇代、七〇代、八〇代はこれからの死亡率が高い。今後ある程度は帰還するとしても、このままでは再び人口が減るおそれがあ

る。

各町村の住民に帰還の意思を確認したのが下のグラフだ（表3）。富岡町は上から二段目。「戻らない」が五〇パーセントを超えている。「戻りたい」は一四パーセントに満たない。まだ判断がつかない三〇パーセントをどこまで戻すことが出来るか。状況は厳しい。

24、まず役場庁舎が復活する大熊町

国の復興期間が残すところ二年半となる中、東日本大震災で被災した岩手、宮城、福島では自治体の本庁舎の建設が相次いでいる。地震や津波で大きく壊れた庁舎の建て替えが多いが、福島県大熊町では福島第一原発のお膝元で、いまだにほとんどの地域で避難が解除されておらず、地震や津波の被害はなかった元の庁舎は帰還困難区域にあり使用出来ない状況だ。

約一万人の町民は、現在、広く県内外に分散避難している。県外に二五一三人（茨城四八二人、埼玉三六八人など）、県内に七八九四人（いわき市四六七七人、郡山市一〇六九人、会津若松市八〇八人など）、合計一万四〇七人である。このため、町は会津若松市、郡山市、いわき市、大熊町内に事務所や連絡事務所を置いて行政を行っている。

現在、大熊町は五年後に町内の一部区域の解除を目指し、ＪＲ常磐線大野駅周辺、大川原地区などを

復興拠点指定し先行除染やインフラ整備を開始した。これに合わせて新庁舎を比較的放射線量の低い居住制限区域である大川原地区に新たに建設することにし先日着工した。常磐自動車道の富岡インターからも比較的近い場所だ。ただ、多くの住民はすぐには帰還が出来ない状況であるため、会津若松などの事務所は継続せざるを得ない。町は新庁舎を復興のシンボルとし、来年四月に帰還することになっている一部住民のサービス拠点にするとともに、避難している住民、避難先に移住した住民が大熊町を訪れた際の立ち寄り先になることを期待している。

新庁舎はいずれも二階建ての庁舎棟（鉄骨造）と災害対策機能棟（鉄筋コンクリート造）で延べ床面積は計五四五七平方メートル、総事業費は二七億四〇〇〇万円だ。庁舎棟は町長室や窓口機能、議場のほか、町民の交流スペースとしても利用できる大会議室「おおくまホール」を設ける。災害対策機能棟には食料や水を保管する備蓄倉庫や会議室も含ませる。

同じ福島県北部の宮城県境にある国見町の役場庁舎は東日本大震災で損壊したが、こちらは二〇一三年九月に着工し二〇一五年二月に竣工した。鉄骨三階建て（地下一階）で、延べ床面積は約四八〇〇平方メートル。地中熱を利用したヒートポンプシステムを導入し、冷暖房や給湯に活用する。また伐採木を焼却する木質バイオマスでも冷暖房する。人口は国見町も九三〇〇人と大熊町とほとんど変わらない。しかし、新庁舎の総事業費は一七億円と大熊町より一〇億円安い。

東日本大震災以前、大熊町や双葉町のある双葉郡の役場の庁舎の床面積の平均値は福島県の町村の庁舎の床面積の五倍あった。これは双葉郡の町村が原発関連で財政が豊かだったことによる。自宅のある富岡町（人口約一万四〇〇〇人）の役場庁舎は豪華なもので、浪江町（人口約二万人）の役場庁舎もモダンなものだった。

富岡町役場庁舎

浪江町役場庁舎

大熊町新役場庁舎

大熊町の大川原地区には既に東京電力の単身寮があり、一昨年の夏以降東京電力の社員約七五〇人が暮らしている。公営住宅が完成し、帰還者が入居すれば大川原地区は約一〇〇〇人が新しい町役場庁舎の傍で暮らすことになる。その時点では帰還困難区域はまだ解除されていないので、役場職員はいわき市や郡山市から通勤することになるだろう。

福島第一原発のお膝元である大熊町、双葉町は大半が帰還困難区域であり、この二つの町が復興することは浜通り全体の復興に大きな意味を持つ。しかし、住民アンケートで「帰還しない」と答える率が約六割と最も多いのもこの二つの町だ。大熊町が元はといえば町の中心から遠い大川原地区に町の中心的存在である役場庁舎を新設するのは将来を考えると大胆な決断だ。とりあえず一定の人口を集めることが復興の手がかりになるのかもしれないが、立派な庁舎を造っても元の住民の帰還につながるとは限らない。

25、地方自治体の財政的自立

福島県は東日本大震災・原発事故で大きな被害を受けた。復興期間は人間で言えば入院中だ。しかしその間にもリハビリをして自分で歩けるようになり、退院して仕事にも復帰し元通りに自活するようにならなくてはならない。特に浜通りの市町村は、以前のように地元の企業や住民からの税収により一定の財源を作り出して町の運営をすることを目指す必要がある。しかし、震災から一〇年たった現在でも住民の数は少なく、企業活動も元の状態からは程遠い。しかも浪江町、双葉町、大熊町、富岡町には人々が自由に立ち入れない帰還困難区域が残っている。

これら自治体は自立には程遠い状態にあり、その財政の六割以上を支えているのは国からの地方交付金、国庫支出金、原子力事故損害賠償金だ。水道などの関連事業も同じように依存率が高い。一例として広野町、楢葉町、富岡町、大熊町、双葉町（震災前は五町全体で六万九一〇〇人、二万五六〇〇世帯）の水道を担っている双葉地方水道企業団（企業長は松本幸英楢葉町長）を取り上げてみる。

同企業団は震災後も復旧、運営のために体制、職員数を変えずにいる。震災による設備の損傷は軽微であり、帰還困難区域以外の復旧は既に完了している。五町の帰還者数はわずかであるが、水道と下水の事業は従来通り行われ、水道料金と下水使用料を徴収している。平成三〇年度水道事業会計の決算は次のとおりだ。

収入	水道料金	二億六〇〇〇万円	
	賠償金	五億七〇〇〇万円	東京電力からの支払い
	長期前受金	五億四〇〇〇万円	国からの補助金と県からの負担金
	その他	三億三〇〇〇万円	中間貯蔵施設建設による補償など

支出　人件費　　　　　二億円
　　　維持管理費　　　三億円
　　　借入金利息　　　　六〇〇〇万円
　　　減価償却費　　九億八〇〇〇万円
　　　純利益　　　　一億一〇〇〇万円　　　これで繰越欠損金を補填

収入の中心となるべき水道料金はまだ全体の一五パーセントにとどまっており、東京電力の賠償金と国からの補助金・補償に残りを依存している。住民の帰還と新たな住民の増加がなければ、企業団はいつまでも東京電力と国に依存していくことになる。政府は二〇二一年度以降の東日本大震災の復興基本方針として復興庁の設置期限を延長することと復興特別会計の延長をすることを決めており、浜通り市町村の自立的な回復はさらに先延ばしされることとなった。

最終的には国民や消費者の負担になる国の補助金支給や東京電力の賠償金支払いは、いつまで続くか不明であり、自治体にも住民にも納税者や電力の消費者にも切ない状況が続いている。

26、県内での活用が鍵となる新技術開発

脱原発を決めた福島県は、福島第一原発の事故後に原発に代わる産業の起爆剤として、国の全面的な支援の下に「福島イノベーション・コースト構想」をスタートさせた。これは原発があった浜通りの一五市町村で産業復興のためにロボット、エネルギー、環境・リサイクル、農林水産業、環境回復、住民の健康確保につながる医学（医療機器等）、廃炉・汚染水対策などを開発しようとするもの。既に施設は完成して研究開発はスタートしている。

今後はその成果を浜通りの経済活動の場で活用することになっており、経済産業省は事業費の二分の一～三分の二という手厚い補助金をつけている。研究機関から外に出て実際に地域でやってみることで、さまざまなデータが集められさらなる研究開発テーマが見つかることが期待される。この事業によって福島県の浜通りの極端な人手不足と高齢化を救い、地元産業の生産性を画期的に上げなくてはならない。

第四章
処分出来ない汚染水と放射性廃棄物

福島第一原発では、浄化設備ＡＬＰＳでセシウムなどの放射性物質を漉し取った後のトリチウムを含む汚染水を、屋外のタンクに貯蔵している。他の原発などでは、希釈して海に放流しているが、その方法を採らないのは風評被害が再燃しないようにするためだ。この方法を続ければ二〇二二年夏頃にはタンクを増設する場所がなくなる。

経済産業省の有識者会議では二〇一三年から処理水の海への放出や深い地層への注入、大気への放出など五つの方法を技術的に検討してきたが、二〇一六年に、希釈して海に放出する方法が最も安く短期間で処分できるとの報告書をまとめた。その後、社会的影響も踏まえて処分法を検討する新たな有識者会議を立ち上げたが、漁業者など地元の反対意見が強く最近まで政府は海への放出を決断出来ていなかった。

除染作業で出た膨大な汚染土壌も当面中間貯蔵施設に三〇年間仮置きされるが、その後の搬出先はまったく決まっていない。こちらの方も汚染水に負けず厳しい問題だが、あまり世間には知られていない。廃炉工事自体もそうだが、国や東京電力は何十年先にターゲットを置くことで世間の目を逸らしている。

1、事故由来の水は特別なものという感覚

人は類似の品が入手可能であっても子供の頃に母親が編んでくれたセーターや手袋には特別な思い入れを持つように、原発事故を経験した福島県人はトリチウムを含む水に対して他県人にはない特別の感情を持っている。一度汚染した土地についても同じだ。同じ面積の土地を代わりにもらっても納得出来ない。その土地は先祖が苦労して開拓したもので、自分たちもその土地で育った思い出があるからだ。

人々は事故が起きる前は、福島第一原発が運転中にトリチウムを含んだ水を放流していたことは容認していた。どれほど認識していたかは別にして、少なくとも事故前に原発の前面海域に放流していることへの地元の反対運動は聞いたことがない。しかし、今回問題になっているタンクに入っている一二五万トンのトリチウムを含む処理水は、壊れた建物の地下の隙間から入った地下水が燃料デブリに触れて出来たものである。この処理水の放流は原発事故処理の一環であり、普段の運転中に放流する水とは別に処理すべきものであると考える。

これに対して汚染水の処分方法を考えている官僚や学識経験者は、国内外の運転中の原発で放流している水となんら変わらないものと考えている。この認識の差は大きい。住民の気持ちとしてはタンクの設置場所がないからと言ってそれを希釈して流してもよいということにならないのだ。

言うまでもないことであるが、中国や韓国が、事故により発生した処理水は普通の原発や核施設から希釈して放流している処理水と違うと主張していることとは別問題である。世界中で放流している水は同じ水であり、彼らが、ことさら事故によるものと強調するのは外交手段にすぎない。ここで強調したいのは福島県民の気持ちのことである。ただ、実際に福島第一原発のある大熊町と双葉町は、どんな方法でもよいから早く処理水をなくして欲しいと考えている。ここが県内のほとんどの市町村と違うところだ。

原発事故によって発生した放射性廃棄物に対する地元住民の視線は厳しいものがある。中間貯蔵施設に集められた除染に伴う土壌や使用済み燃料も、県外搬出することを施設建設の条件にした。国は搬出先のあてのないまま三〇年後までに県外搬出する約束をせざるを得なかった。地元住民としては事故を起こされてさんざん迷惑をしたのだから、事故の後始末まで負担が地元に集中することは納得がいかないのだ。

そもそも、トリチウムを含む水をタンクに貯めてしまったのは、事故由来の水だからという意識が東京電力側にもあったからではないのか。そうでなければ、ＡＬＰＳなどの処理設備が完成し、トリチウム以外の核種を除去出来るようになった時点で海に放流してもよかったのである。それは地元が許さないだろうということは住民に尋ねるまでもなく、わかっていたから現状があるのだ。

たった一匹が基準値超えてもその種類は出荷停止。一方で地元産の魚を買い求める浜の駅の賑わい。これをどう解釈したらよいのだろうか。地元では知識がある程度普及していることもあり、ほとんど人が放射能を問題にせず、逆に漁業者を気の毒に思う気持ちが強い。しかし、東京など大消費地では流通業者や飲食店があえて福島産に手を出す冒険はしたくないとの思いがあるため、流通段階で買い叩かれている。

漁業関係者がトリチウムの残る処理後の水を海中に放流することに反対し続けるのは、長年こうした苦労をしているにも関わらず、さらに風評被害につながるようなことを何故するのかという思いがあるからだ。「ラクダと一本の藁」の例えのように、すでにギリギリのところまで負荷がかかっているので藁一本載せただけでラクダの背骨が折れてしまう。被災者は絶えず、被害を受けなかった人との比較で物事を考える。何故、自分たちばかりが不利な状況に追い込まれるのか、同じ被災者でも何故このように差をつけられるのかと考えるのだ。

2、漁業者との約束

トリチウムを含む水の問題は、東京電力が希釈して海に放流したいと言い出すのを九年間先延ばしにしていただけだ。うがった見方をすれば、「もうタンクを増設する場所がない」という条件をつくることで、地元が放流を決断せざるを得なくなる条件をつくり出したようにも思える。

東京電力はある時期から発生する水量を減らすため、山側から流れてくる地下水を、原発の建屋に近づかせないよう、原発の手前に井戸を掘ってそこから汲み上げて原子炉建屋を迂回するルートで海に放流している。もちろん水道水の基準よりはるかに厳しい値でチェックして放流しているが、それをやる際に東京電力は二〇一五年に福島県の漁業組合連合会と「関係者の理解なしには、いかなる処分も行わない」と文書で確約している。ところが二〇二一年になって国が「トリチウムを含む水を海に放流することにした」と言って放流の準備に取り掛かろうしている。

約束をしてひとつの案件を通し、次の段階ではやはりできないとしてその約束を反故にして地元に苦渋の決断を迫る。従来、国や電力会社はこのやり方をしばしばやってきた。廃炉工事工程の相次ぐ見直しもその一つだ。漁業関係者は、国や東京電力がこうしたやり方を繰り返そうとしていることにも反発している面がある。

3、かく乱する人

元環境大臣の原田氏が在任中に最後の記者会見で「所管外ではあるが、あえて福島第一原発の汚染水を処理したものは海に放流するしかない」と発言し、大きな波紋を呼んだ。さらに後を引き継いだ小泉新大臣が直後に福島県を訪問。漁業関係者に「みなさんを傷つけたことをお詫びする」としたことから騒ぎはさらに大きくなった。汚染水が全国的に話題になって国民の関心を呼んだことは確かであるが、原田氏の「私は捨石となっても」の発言は、「国が地元の反対を押し切っても処理後の水を敢えて流す危険なことをしようとしている」との印象を一般の人々に与えてしまったのは拙かった。

4、水道水との比較を

トリチウムを含む水とは、炉心溶融を起こした福島第一原発で発生した汚染水からトリチウム以外の放射性物質を除去したあとの水のことある。資源エネルギー庁のホームページに掲載された図を見ると（図5）、処理前の汚染水の発生は年々減少しており、さらなる努力をするとしている。

図5　汚染水の発生量（トン／日）

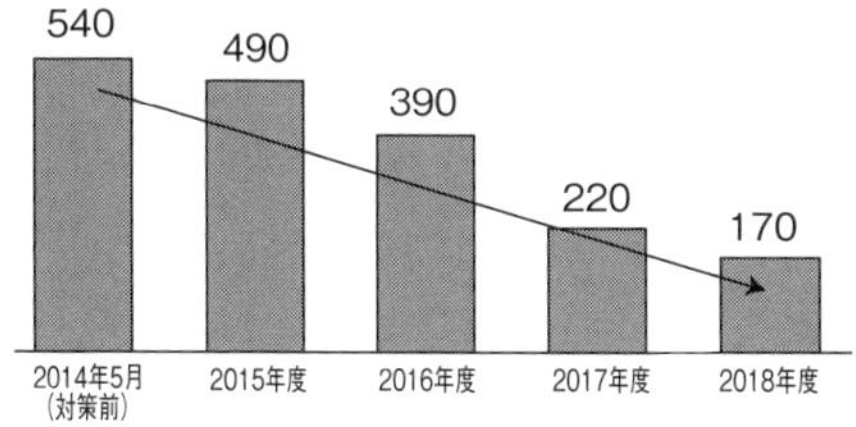

処理後の水（トリチウムは一〇〇万ベクレル／リットル）はタンクに貯められているが、山から流れてきて原発の建屋群を大きく迂回させて海に捨てている地下水や建屋に入る前に建屋周辺の井戸（サブドレン）でくみ上げた地下水は、規制基準よりも厳しい「運用目標」を下回る濃度であることを確認したうえで海に排水されている。その規制基準や運用目標は次ページの表のとおりだ（表4）。この表を見ればわかるように、運用基準は規制基準の四分の一、WHO飲料水水質ガイドラインの七分の一～六分の一だ。規制基準は一般の人には馴染みがないが、水道水やWHOは一般の人も理解しやすい。タンクに溜まった処理後の水（トリチウムは一〇〇万ベクレル／リットル）を

一〇〇倍に希釈すれば、トリチウムは一万ベクレル／リットルになり、WHO飲料水ガイドラインの値と同じになる。もし、一〇〇〇倍に希釈すれば一〇〇〇ベクレル／リットルとなり飲料水ガイドラインの一〇分の一になる。原子炉でデブリを冷却した水も処理装置で処理したのちはトリチウムが残るが、希釈して海に流す場合その濃度は水道水の基準の数分の一になる。

何故、国は処理後の水を放流する安全性について、水道水ガイドラインとの比較で説明して世論の支持を得ようとしないのだろうか。

5、流入量減らす努力を

東京電力はこれまでに汚染水の発生を防ぐため建屋に入る前の地下水をくみ上げる井戸、周囲からの地下水を防ぐための凍土壁などを建設した。その結果、汚染水の発生量は二〇一四年度の一日平均四七〇トンから二〇一八年度の一七〇トンまで減り、さらにタービン建家屋上に雨水が入らないように手当をし、最近では一日一四〇トンになっ

表4　地下水バイパス・サブドレンなどでくみ上げた水の「運用目標」と規制基準（単位はベクレル／リットル）

	セシウム134	セシウム137	ストロンチウム90	トリチウム
運用目標	1	1	3※1.2	1,500
日本の規制基準（告示濃度限度※3）	60	90	30	60,000
WHO飲料水水質ガイドライン	10	10	10	10,000

出典：資源エネルギー庁ＨＰ

ている。完全になくならないのは凍土壁が完全でないことや凍土壁より深いところからの浸水、凍土壁の内側に降った雨などによるものと、東京電力の廃炉コミニュケーションセンターは説明している。

東京電力の廃炉資料館に調べてもらったところ、福島第一原発で実際に海に放流している地下水バイパス・サブドレンなどでくみ上げた水のトリチウム濃度は、一二〇ベクレル／リットル（二〇一九年八月二一日時点）となっており、運用基準の一五〇〇ベクレル／リットルを十分に下回っている。今でもタンクの水を一〇〇〇倍に希釈したものと同じ程度の水を放流しているのだ（これは漁業関係者もわかっている）。

トリチウムを含む水の問題では、放流する水のトリチウムの濃度より、環境に放出する総放射能量の低減を目指すべきだ。そのために国や東京電力は毎日の発生量を今の一四〇トンからさらに低減させることにもっと力を入れるべきだ。今後海に放出できても何十年もかかると言われているが、発生量を絞ることはその年数を少しでも減らす効果がある。

6、さらなる対策を

どのようにしても処理後の水を流せば必ず風評被害が起きる。このことに漁業者たちは抵抗している。国と東京電力は海への放流をするのであれば、なんらかの努力をすべきである。

・国内外に対して対策の内容を詳しく繰り返し示す。
・放流についての海外との比較も付けて国内外への徹底した情報公開をする。
・保管や放流の監視について国際機関を絡ませる。
・被害に対して賠償することについて算出方法、実績などの情報公開をする。
・農産物生産者、観光産業、漁業者以外の風評被害についても必要な賠償あるいは協力金の支払いをする。
・汚染水を海に放流しつつも、別のより良い方法についても同時並行して研究開発を続けることを約束する（フランスでは核廃棄物の最終処分場を決める条件として核のゴミを特別な炉で照射することで半減期を減らす研究をすることを提案したことがある）。
・これ以上の汚染水が発生しないように新たな地下水対策（原子炉建家を囲うプール状の擁壁を建設するなど――注を参照）を実施し、現在の一四〇トン／日を〇トンにする。

（注）汚染水発生をゼロにする
汚染水発生をなくさなければ完全な解決はない。雨水や地下水が原子炉建屋の地下から入ってデブリなどに触れて汚染水となる。地下水などを建屋に近づけないため、原発四基の建屋をそっくり入れる箱状（地上は、なし）のコンクリート構造物は数百億円程度で建設可能と思われる。その

後の運営費はかからない（現在の凍土壁の建設費は四〇〇億円弱、さらに冷凍し続けるための電気代がかかっている）。今から四〇年前に東海第二原発建設時に深さ三〇メートル程度の止水壁を数か月で原発（この場合一基ではあったが）の周囲にぐるりと回した実績がある。箱の底の部分についても現在の土木技術からすれば山側からトンネルを掘るような工法を開発する必要があるが可能と思われる。

7、福島以外での放流は得策か

福島以外の場所に移動して処理する方法は風評被害を拡散するだけであり、やるべきではない。梶山経産大臣が記者会見で述べたように、実務的にも水の輸送、保管、放流設備の建設など困難な事業が増えるので得策とは言えない。それに放射性廃棄物に対する青森県、福島県、福井県などの「県外搬出が条件」要求を見ても、他県での放流は県民の間で論争を引き起こし意見集約出来るまで一〇年単位の時間がかかりそうだ。日本全体の問題より選挙を気にする政治家が多いので無理だろう。領海の境界に近いところまでタンカーで運んで放流する案を提唱する国会議員もいるが、福島での放流でさえ言いがかりをつけられているので、さらに海外に敵を増やすことになり得策ではない。

8、東京電力の信頼はどうなるのか

二〇二一年四月、菅内閣が福島第一原発の処理後の汚染水を希釈して海洋放流することを決定したとのニュースが流れた。風評被害対策などを漁業者などに示さないままに決定はなされた。漁業者からは、我々が参加した説明会は単なるガス抜きだったのかとの反発が既に数日前に出ていた。

先日、菅首相と梶山経産大臣は県漁連の会長等と会談したが、会長は「海洋放流に反対の立場は変わらない」と表明していた。その席に原子力規制委員長も東京電力もいなかったのは不思議な感じがする。水の所有者、水を処理する責任は東京電力のはずである。原子力規制委員会の更田豊志委員長は二〇二〇年一二月、処理後の水について「あたかも政府の問題になったかのような態度は許されない」と指摘。「社長の顔が見えない。しっかりリーダーシップを取ってほしい」と求めていた。計画を認可するのは国であっても、当の東京電力がいないのは理解しにくい。

最もおかしいと思うのは、東京電力は二〇一五年に、山側から押し寄せて来る普通の地下水を原発の建屋の手前で汲み上げて、そのまま海に流すことを認める際に、「関係者の理解なしにはいかなる処分も行わない」と文書で約束しているのに、国がそれとは関係なしに海への放流を認めることである。

東京電力が放流を実施する場合は、「国に海に放流せよと言われたのでそのとおりにする」、あるいは「国が海への放流が一番の方法と言ったので放流する」と国の権威を借りたような形になる。案の定、東電の小早川智明社長は取材に対して「方針に従い、主体性を持って適切に取り組む」と話した。主体性を持ってなどとよく言ったものだ。日本語の破壊がまた進んだ。

本来、東京電力は「それは困る。東京電力としては県漁連に対し、関係者の理解なしには放流しないと約束しているから、国がよいと言われてもそのまま実行するわけにいかない」と言うべきなのではないのか。

いくら困ったからといって、約束を破ればこのあと誰も東京電力の言うことを信用しなくなる。東京電力は困れば安易に約束をし、後で反故にすることなど平気でやってのける会社だということになる。信頼ということからすると極めてまずい。「いやいや、東京電力はいままでもそうだった。いまさら驚くことはない」と言われてしまうと、これはもう最低である。国も東京電力も何故、こんな悪手を打つのかと呆れる。

9、減らないタンクの水

二〇二一年四月一三日の関係閣僚会議で福島第一原発のトリチウムを含む水の海洋放出が決まり、二年後を目標に実施されることになった。現在一二五万トンの水が溜まっているが、今後も一日一四〇トン、年間約五万トンのペースで増え続けていく。放出量は最大年間三万トン（年間二二兆ベクレルに相当）

を限度と考えられているので、これではタンクの水は減るどころか年々増えてしまい、一基一億円もするタンクがまた造られる。「稼ぐに追いつく貧乏なし」の喩えのようだ。

二〇二五年までに一日の発生量を一〇〇トンまで下げる計画があるが、それでもタンクの数が減るところまではいかない。海に流し始める放射性物質トリチウムの総量を、年間二二兆ベクレル以下としていることについて、原子力規制委員会の更田豊志委員長は記者会見で、年間放出量二二兆ベクレル以下に「科学的な意味はない」と指摘している。

放出してもタンクが減らないというおかしなことになったのは、国が放出にあたってトリチウムの濃度を、国の基準の四〇分の一、WHO世界保健機関が示す飲料水の基準で七分の一程度に薄めるとしたからだ。いったいどこまでまやかしをするのだろう。何年かたってから年間放出量を増やすことを考えているのだろうか。小出しにしてなるべく反発を抑え、後で修正するいつものやり方なのか。こんな姑息なやり方は不誠実であり金の無駄遣いでもある。第一に原発で一番大事だと言い続けている信頼を失う行為だ。

10、気になるコンテナー

福島第一原発では二〇二一年三月、廃棄物保管エリアにあったコンテナーの下部の腐食による内容物の漏えいを確認したが、福島県が現場確認したところ、東京電力が存在を把握していなかったコンテナー四基が見つかった。コンテナー表面の放射線量は最大毎時一・五ミリシーベルトだった。四月になると東京電力は、福島第一原発の放射線管理区域内に設置されている放射性廃棄物入りのコンテナー約八万五〇〇〇基のうち、約四〇〇〇基の中身が把握できていない、今後、調査計画を策定し内容物の確認を進めると発表した。

廃炉工事に廃棄物はつきものであり、この保管管理は基本中の基本だ。処理水を貯めたタンクの基礎が地震でずれたり、配管から漏水したりといったことはあったが、水だけではなく固体廃棄物管理の方もどうも順調ではないようだ。

原発では通常、放射性廃棄物を入れたコンテナーやドラム缶は、コンクリート製の建家のなかで保管されている。それでも以前はドラム缶の中でガスが発生しドラム缶が膨れたり、コンテナーが錆びたりといったトラブルがあった。コンテナーの内容物をしっかり把握しておく必要がある。福島第一原発は構内一面に廃棄物が仮置きされている状況であるため、感覚が麻痺しているのかもしれない。

処分方法や処分先が決まっていないため、これから何年、あるいは何十年も構内で保管しなくてはならないのだから、放射性廃棄物の保管管理についてはきちんとしたルールと管理体制が整わなくてはならない。どこに何がどのような状態であるかを示すリストやマップを作成し、現物を定期的に点検しておかねばならない。事故から一〇年が経つが、まだこんな状況とは驚きだ。

原子力規制委員会はこの件については指導責任があると思うが、原子力規制庁がどのようなチェックをしているのかも明らかにする必要がある。ニュースを見ていると、福島第一原発の廃炉現場は事業者も規制当局もやっていることが、いままでの普通の原発構内の緻密な放射線管理、汚染管理とは別ののものように思えてきてならない。

11、いつまでも終了しない廃炉工事

商業炉のトップを切って二〇〇一年にスタートした東海原発（軽水炉でなくガス炉）の廃炉。福島第一原発のような事故炉ではないのだが、すでに二〇年も経過しているが、日本原子力発電は二〇一九年三月になって、廃炉作業の完了時期を当初の二〇二五年度から二〇三〇年度に五年延期すると発表した。延期の理由を原子炉などの放射線量が高い機器を解体して出た廃棄物を収納する容器の仕様の決定に時間がかかるためとしているが、本来ならば二〇一九年から原子炉本体の解体に取り掛かる計画だった。容器の仕様も難しい課題だが、そもそも、それらの廃棄物の処分先が決まっていない。解体をストップするか、解体して容器に入れて原発構内に仮置きしておくしかない。終了時期を五年延期したが、五年の根拠はあるのだろうか。どのような形を廃炉の最終形とするかは明らかにされていないが、放射性廃棄物の搬出も含めるのであれば、あと一〇年で廃炉終了するとはとても思えない。一〇年以内にさらに

延期する公算が大きいが国は黙りを決め込んでいる。そもそも廃炉終了と言っているが、単に壊しただけになる可能性がある。最終の形をどのようにするか、今から地元も含めてオープンなかたちで協議しておくべきである。

軽水炉の浜岡原発は三〇年の工期で原子力規制委員会に廃炉の申請をして認められている。しかし福島第一原発の場合は事故炉が四基ある。それを四〇年で終わらせるとしているが、誰が信じるのだろうか。放射性廃棄物の処理処分もまったく決まっていない原発の廃炉計画を原子力規制委員会が次々に了承しているが、処分先が決まらなければ解体して現地仮置きということを前提としているようにも思える。計画の変更、工程の延期が見え見えなのに計画を承認する規制当局は、再び電気事業者の「虜」になってはいないか。

12、汚染土壌は三〇年以内に県外搬出可能か

県内各地で除染により発生した汚染土壌は発生した場所から、大熊町と双葉町にまたがる中間貯蔵施設に運び込まれつつある。除去土壌等の発生量の見込みは全部で約一三三〇万m^3で、そのうち約一三〇〇万m^3が土壌、約三〇万m^3が焼却灰と推定されている。これに帰還困難区域の除去土壌等は含まないとしているのは大きな問題だ。帰還困難区域内の除染はしないと決めているようにも思えて、帰還困難区域の住人にとって大きな心配事だ。

施設の建設にあたって、国は福島県に中間貯蔵の事業がスタートしてから三〇年以内に施設に貯蔵している汚染物は県外に搬出すると約束している。事業のスタートは二〇一五年三月なので、二〇四五年三月までに施設から搬出するということだ。「今日搬入した汚染土壌も二〇四五年三月までに搬出するのか」と環境省の問い合わせ窓口に聞くと即答ではなかったが、文面通りにすべて二〇四五年三月までに搬出すると返事があった。

除去土壌の搬入は二〇二二年三月までで一旦終了する。いままで除去土壌を搬入するのに七年かかったわけで、ダンプで搬出するのにも同じようにかかるとすると、二〇三八年頃から中間貯蔵施設からの搬出を始めないといけないことになる。搬入先の施設建設期間も必要なので、搬出先決定を今から一〇年後の二〇三〇年頃までにしないといけなくなる。あと一〇年足らずで県外搬出先が決まるのか。トリチウムを含む水も大変だが、こちらもかなり厳しい。

第五章

日本で原発なしは可能か

日本は戦後、旺盛な電力需要を満たすため、主力電源を水力発電から火力発電に移行し、その燃料を石油から石炭、天然ガスに転換した。さらにエネルギー安全保障の観点から準国産エネルギーとして原子力発電に挑戦し、電力供給のベストミックスを達成しつつあった。その後、福島第一原発の事故をきっかけに国内では脱原発の声が高まり、国外でもドイツ、韓国、台湾では福島第一原発の事故の影響を受けて脱原発に舵が切られた。

日本の場合、一次エネルギーに占める電力の割合である電化率は約五〇パーセントに近い。使用するエネルギーの約半分を電力で賄っている。福島第一原発の事故後も停電はしていないが、原発がほとんど停止し火力発電に七〇～八〇パーセントを依存することになったため、今後、温暖化対策の強化を国際社会から求められると、火力発電を縮小せざるを得なくなり代りの電源が必要となる。

これからの主力電源として期待されている再生可能エネルギーは現在、年間発電量の二〇パーセント程度を占めているが、出力の不安定さやコスト高の問題を抱えている。将来的には軽水炉原発を全廃にするにしても、暫くは既設の原発を慎重に稼動させながら再生可能エネルギーを可能な限り速やかに拡大し、蓄電池あるいは揚水式水力発電所や地域間送電網の充実も併せて行う必要がある。

ここにきて火力発電の燃料を石炭や天然ガス（ＬＮＧ）からアンモニアや水素などに転換するという方法も浮上している。現在主力である火力発電所を一部改造するだけで使えるため、この実現が大いに期待される。

将来のエネルギー選択においても、日本型のソフトランディングが試みられようとしているが、ここでも移行期に大きな自然災害による大停電、国民や消費者の過剰な負担、社会的弱者の切り捨て、価格上昇や不安定な供給による国際競争力低下によって日本の経済的地位が脅かされることは避けなければならない。

1、将来のエネルギーの前提条件

今後、選択するべき電源は次のような条件を満たしたものとなる。

第一に、二酸化炭素を排出しないこと。天然ガスは化石燃料では最も二酸化炭素排出が少ないが、先進国ではそれさえも制限しようという動きがある。

第二に、廃棄物が少ないものであること。今日では最終処分まで求められる。

第三に、需要を満たすだけの供給が経済的にかつ安定的に出来るものであること。情報化や自動車の電動化でエネルギーの電化率はさらに上昇する。

第四に、高い安全性と自然災害やテロ等に対する強靭性があること。国土の狭さや人口密度が高いことに加えて地震、津波、洪水、台風、火山爆発など自然災害多発国という事情がある。

第五に、技術的にこれから発展する可能性が大きいこと。

一つの電源に依存しすぎることはリスクが大きいため、特性が異なる電源を組み合わせ、その時々の状況で変えていくのが賢明だ。さらに停電は社会的混乱につながるので、電気を止めないよう常時バックアップを持つ必要がある。電源同士の相性の問題もある。組み合わせがしやすいということも条件となる。こうしたことを無視した電源選択はリスクが高く避けるべきである。

2、変わりつつある日本のエネルギー事情

これまで「日本はエネルギー資源を、原油を中心にほとんどを海外、特に紛争の多い中東から輸入している。輸入品に占める原油や天然ガスの割合はかなり高い。石油ショックはまた来るかもしれない。昔も今も石油は国の存続のための命綱であり、石油代を稼ぐためにせっせと工業製品を輸出している」とされてきた。しかし、最新のデータを調べた結果（図6）、原油の輸入量は一九七〇年代半ばに年間三億キロリットルのピークがあった後、二〇一八年には一・八八億キロリットルと三分の二に減っており、さらに下降線を辿りつつある。多くの人が認識を改める必要がある。

備蓄は一七三日分で日本は世界平均からすると多い方だが、原油の輸入先はサウジ四〇パーセント、UAE二五パーセントなど中東依存度は八七パーセントを超し、確かに危うい面がある。原油輸入額が全輸入額に占める割合（図7）は一九八〇年に三七パーセントでとても大きかったが、二〇一七年には

図 56　日本の原油輸入量（億トン）

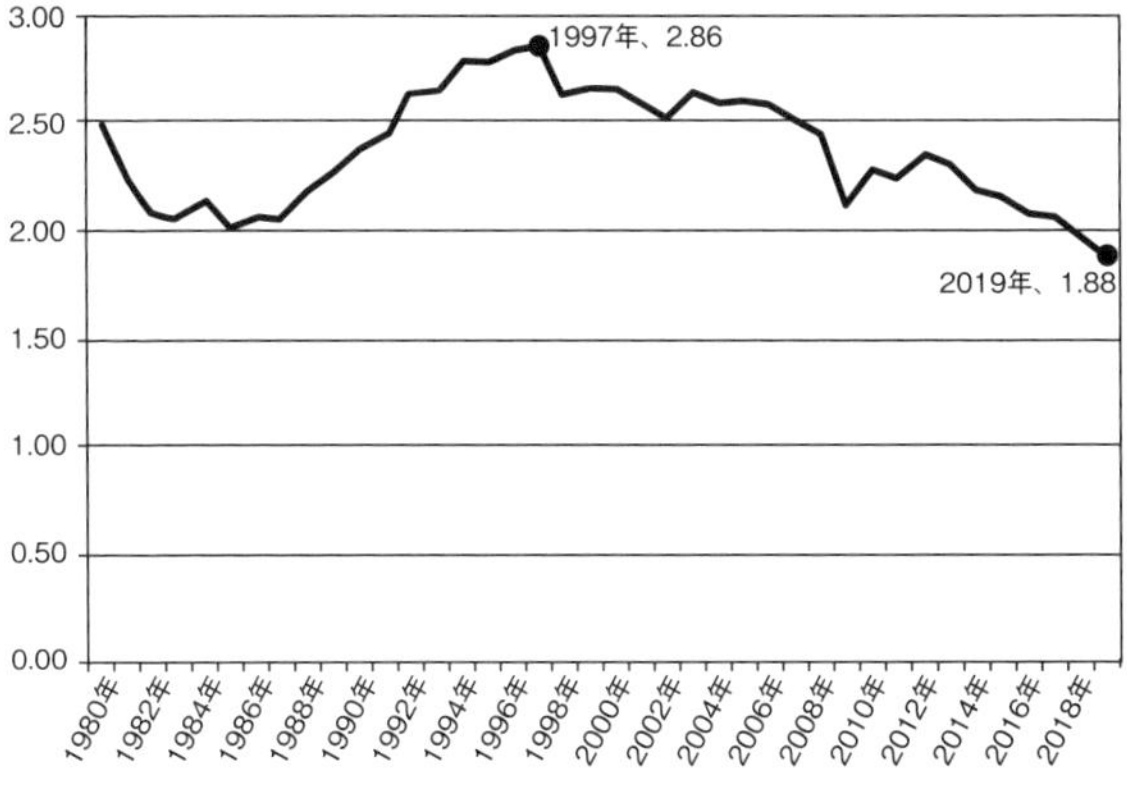

出典：BP 社　Statiscal Review of World Energy

図 7　原油の輸入価格と原油輸入額が輸入全体に占める割合

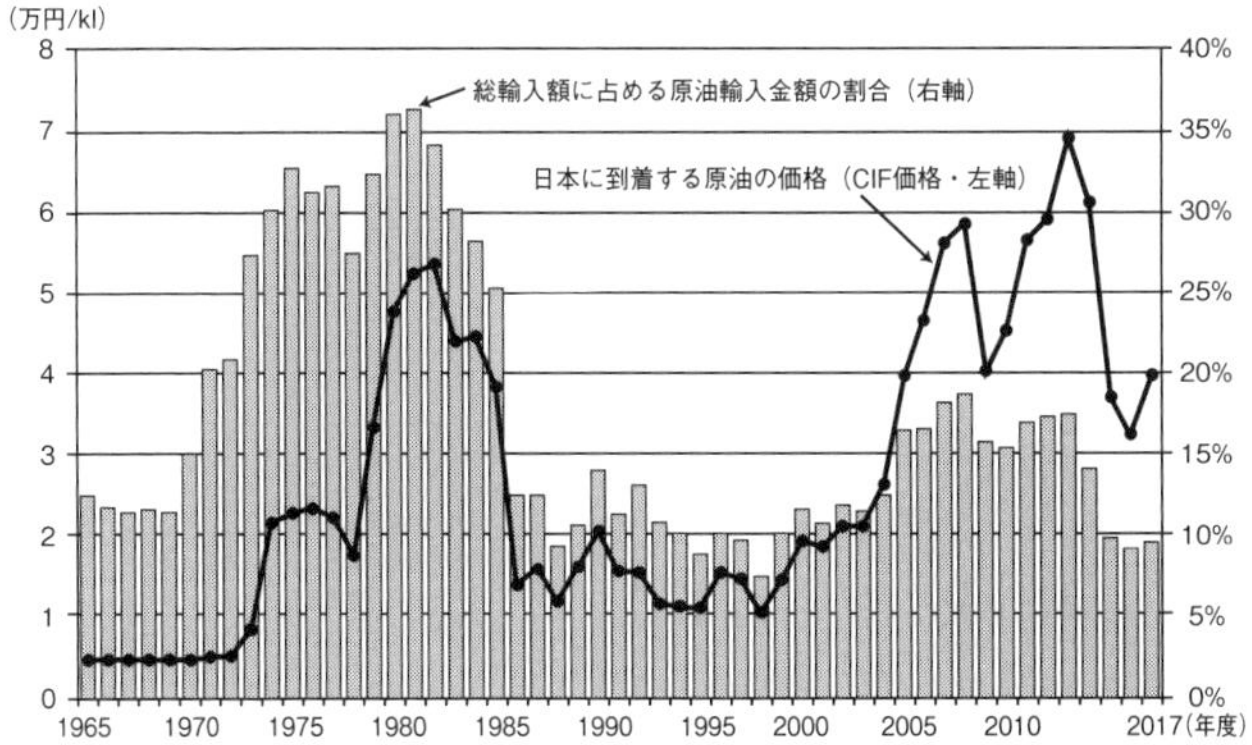

出典：資源エネルギー庁「エネルギー白書」(2019 年)、財務省「日本貿易統計」、石油連盟「内外石油資料」より地球資源論研究室が作成

九・五パーセントに下がっている。原油の支払いは輸入品の支払いの一〇パーセント以下だ。「原油の輸入のためにせっせと外貨を稼がねばならない」状況ではない。それに現在、石油は発電用にはほとんど使っていない。

次に火力発電でさかんに使っているLNGの輸入量、消費量、輸入価格等を見てみる（図8、9、10）。輸入は急増しているが輸入先は分散しており、中東依存度は二〇・八パーセントと低いので石油のようなカントリーリスクはない。むしろ日本に近い政治的に安定した国からの輸入が多い。電力用は石油に代わって増えてきたが、二〇一二年以降は原発が停止しているにもかかわらず増加は止まっている。これは電力需要の減少と石炭火力の増加のためだ。LNG輸入額が全輸入額に占める割合は二〇一七年は五・五パーセントとなっている。

石炭は輸入先の七〇パーセントがオーストラリアからだ（図11）。輸入上位一〇品目の移り変わりを見ると（表5）、二〇一七年の用途として電力が一二〇万トン、鉄鋼が六〇万トン、窯業が一〇万トン。石炭輸入額が全輸入額に占める割合は二〇一七年で三・二パーセントとなっている。

石油、LNG、石炭を足すと全輸入額の一八パーセント程度。今後、石油への依存度が低下すれば日本のエネルギー需給はより安定的になる。

二〇一八年に日本は石油を約二億キロリットル消費しているが、電力用はその五パーセントにすぎない。日本には石油を燃料とした火力発電所がいくつかあるがコストが高いので休止させており、発電の

図８　ＬＮＧの供給国別輸入量の推移

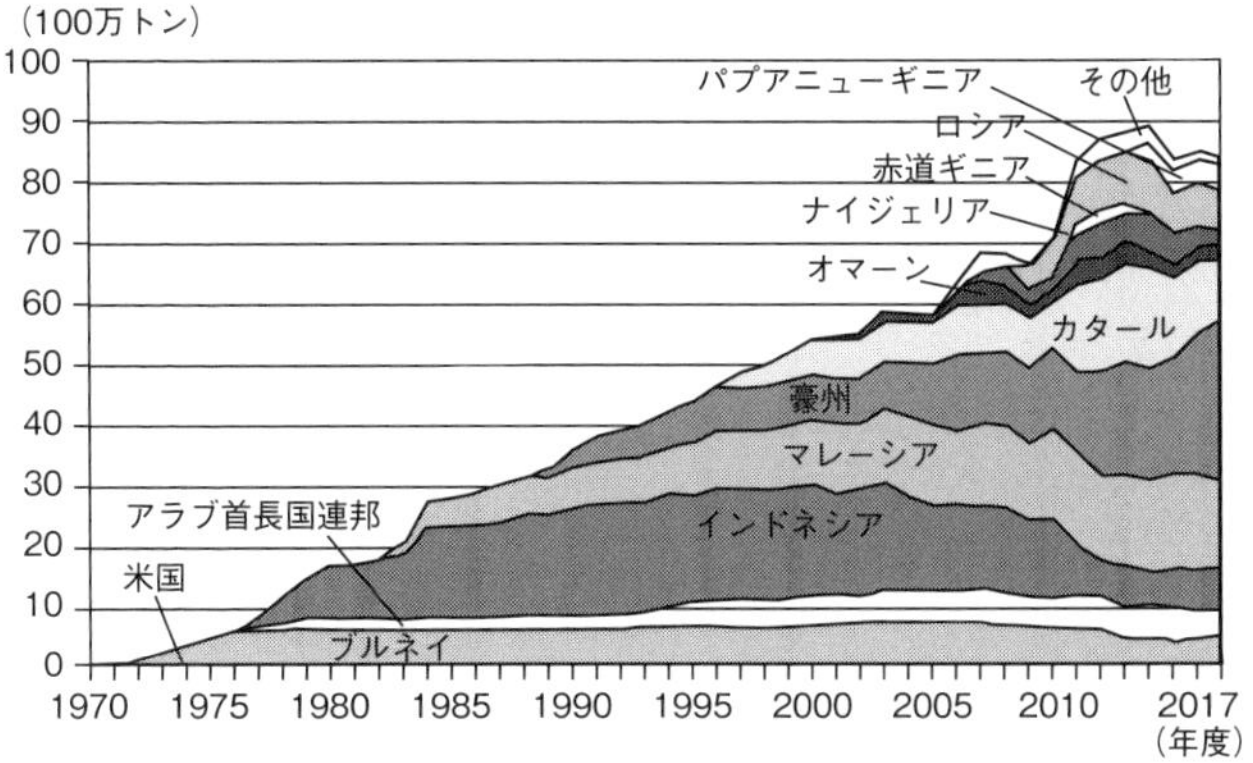

出典：資源エネルギー庁「エネルギー白書」(2018年)、財務省「日本貿易統計」を基に作成

図９　ＬＮＧの用途別消費量の推移

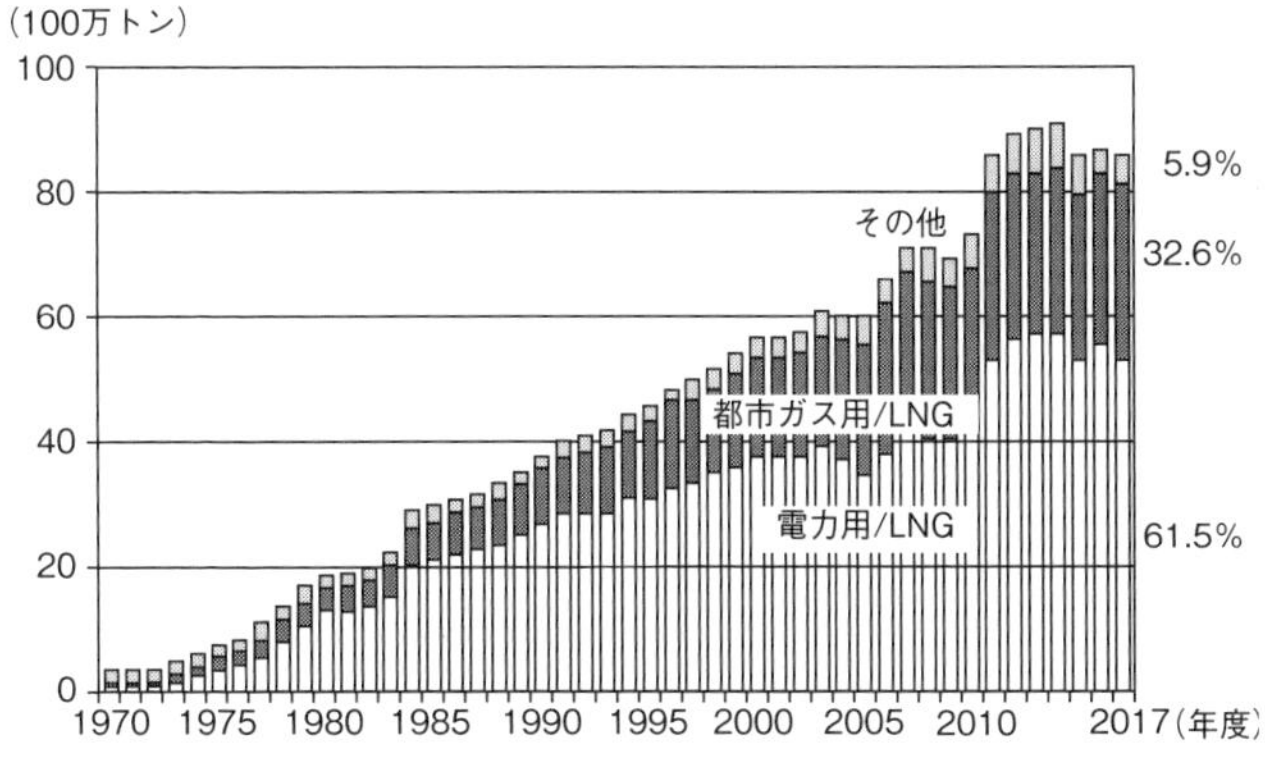

出典：経済産業省「エネルギー生産需給統計年報」、「資源エネルギー統計」、「電力調査統計年報」、「ガス事業統計年報」、「日本貿易統計」を基に作成

図10　ＬＮＧの輸入価格とＬＮＧ輸入額が輸入全体に占める割合

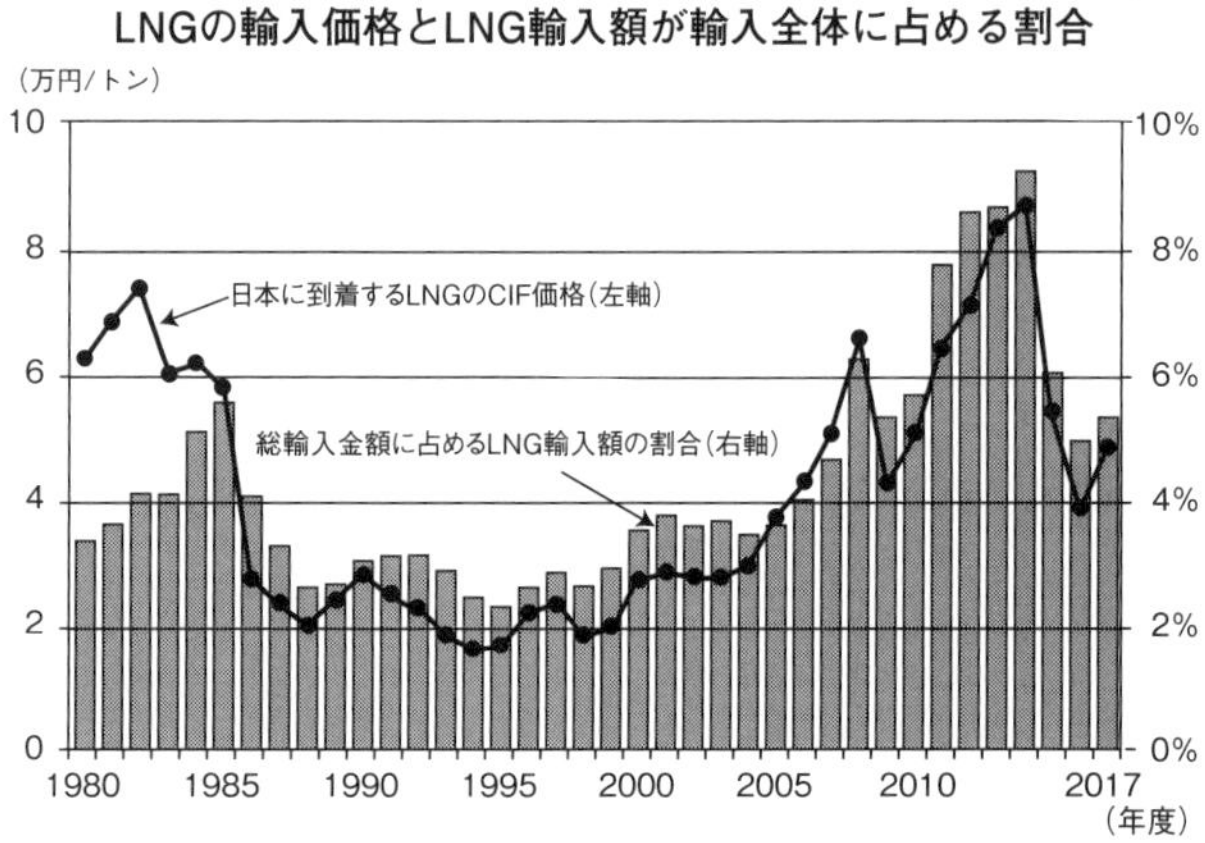

出典：資源エネルギー庁「エネルギー白書」(2019年)

図11　石炭の輸入額と石炭輸入額が輸入全体に占める割合

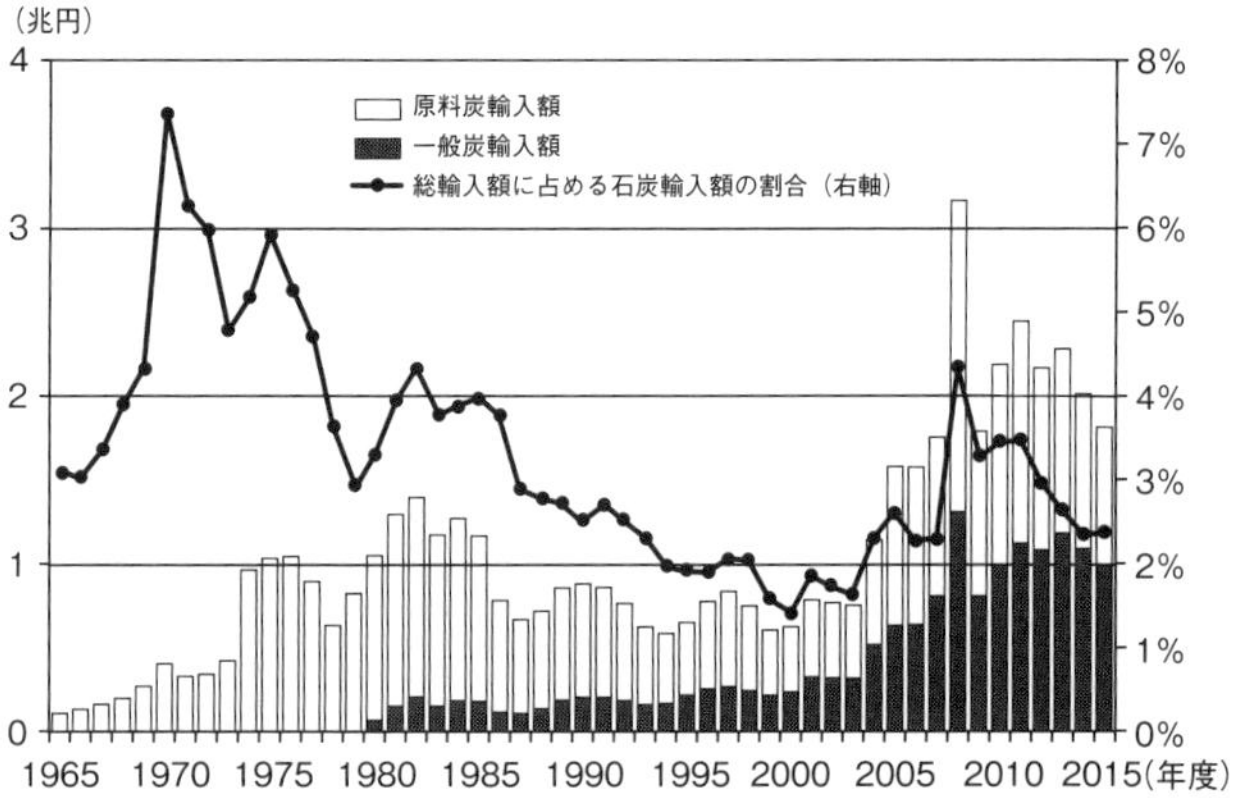

出典：経済産業省「エネルギー生産・需給統計年報」、「資源・エネルギー統計」、「電力調査統計月報」、「ガス事業統計月報」、財務省「日本貿易統計」を基に作成

表5　輸入上位一〇品目の移り変わり

順位	1990年 輸入総額 33兆8,552億円		2000年 輸入総額 40兆9,384億円		2010年 輸入総額 60兆7,649億円		2017年 輸入総額 75兆3,792億円	
1	原油および粗油	13.5%	原油および粗油	11.8%	原油および粗油	15.5%	原油および粗油	9.5%
2	魚介類	4.5%	事務用機器	7.1%	ＬＮＧ	5.7%	ＬＮＧ	5.2%
3	石油製品	4.1%	半導体等電子部品	5.2%	衣類および同付属品	3.8%	衣類および同付属品	4.1%
4	衣類	3.7%	衣類および同付属品	5.2%	半導体等電子部品	3.5%	通信機	4.1%
5	木材	3.2%	魚介類	4.0%	石炭	3.5%	半導体等電子部品	3.7%
6	ＬＮＧ	2.8%	ＬＮＧ	3.4%	音響映像機器	2.7%	医薬品	3.5%
7	自動車	2.7%	科学光学機器	2.3%	非鉄金属	2.6%	石炭	3.4%
8	石炭	2.6%	石油製品	2.3%	石油製品	2.6%	電算機類（含む周辺機器）	2.6%
9	事務用機器	2.2%	肉類	2.3%	電算機類（含周辺機器）	2.6%	非鉄金属	2.3%
10	肉類	2.1%	音響映像機器	2.1%	医薬品	2.5%	科学光学機器	2.3%

出典：財務省「貿易統計」

ために石油はほとんど使っていないと言ってもよく、これからも使わないだろう。

日本国内では石油製品（非電力用）に対する需要が今後、急激に減退する。最大の理由は自動車用燃料としての使用量が減ることにあり、これからの日本では新車販売においても自動車保有においても、燃料電池車、電気自動車、ハイブリッド車などガソリンを使わないか、使うとしても少量しか使わない次世代自動車のウエイトが大幅に拡大する。二〇三〇年度では新車の七〇パーセント、全体でも五六パーセントを次世代自動車と見込んでいる。

電気自動車の効率は高く、石油を火力発電所で燃やした電気を使ったとした場合、ガソリン車で直接使う石油の四分の一程度で済んでしまう。電気自動車は電力を消費するとしても、その電力はほとんどを天然ガスと石炭で発電しているといってもよい状況なので、電気自動車が増えればガソリン消費は急激に減り、日本は輸送面では「油断」が怖くなくなる。

3、大きな変革の時代

福島第一原発の事故後に増加した石炭火力は、温暖化の原因である二酸化炭素の大きな排出源となっている。電力会社は原発の再稼働が進まないなか、旧式の石炭火力発電所も使っており、これを最新鋭のものに置き換えようとしているが、これも批判の対象となっている。ＬＮＧ火力も石炭火力より少な

図12　自然エネルギー・原子力の電力需要に対する割合（2018年）

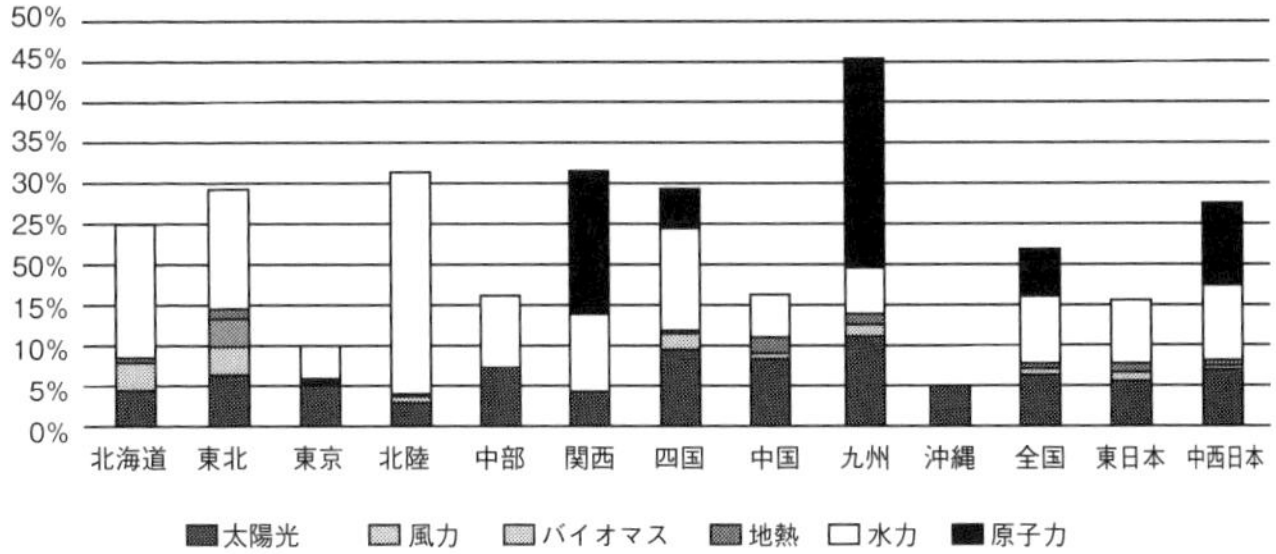

出典：「電力需給データ」より環境エネルギー政策研究所が作成

いとはいえ二酸化炭素を出すことに変わりはなく、二〇五〇年実質二酸化炭素排出ゼロ達成のためにはＬＮＧ火力発電所も最終的に廃止させる必要がある。

そうなると火力発電の分を原発の再稼働、再生可能エネルギーの拡大、省エネ・節電促進によって補わなくてはならないが、そうしたなかで関西電力の金品受領問題や東京電力柏崎刈羽原発の設備管理問題が起きている。再生可能エネルギーはＦＩＴ（固定価格買取制度）によってメガソーラーなど太陽光発電が伸びたが、消費者が負担する賦課金が大きくなり、徐々に買取価格が引き下げられるとともに適地が少なくなって伸び悩んでいる。風力発電、地熱発電、バイオ発電などは現在まで目立ったシェア拡大には至っていない。原発はというと再稼働せずに廃炉をするものが多くなっている。廃炉した分に見合った新たな電源に投資をせずに廃炉だけ進めてしまうことは、それだけ再生可能エネルギーなどをさらに積み増ししなければ需給バランスが崩れる（図12）。

地方はそれぞれ再生可能エネルギーで自給自足にしようという

動きが見られるが、問題は三大都市圏のように、大きな需要があるが電源を十分に持っていない地域だ。ここは周囲からの供給に頼るしかなく、なるべく近い複数の場所から供給を受けるようにすることが望ましい。

首都圏を例にとれば、現在、東京湾岸に数多くある火力発電所に代わって周囲の千葉、茨城、栃木、埼玉、群馬、神奈川、山梨の各県から再生可能エネルギーで作った電力を供給することが考えられる。東京電力が計画中の千葉県銚子沖の大規模な風力発電所から海底ケーブルを使った電力供給もそのひとつの例だ。

また、出力が不安定な自然エネルギーを主要電源にするならば、揚水式水力発電のダムだけでなく安定供給のためビルなどに大型蓄電池の設置することや関東圏の電気自動車のバッテリーを動く蓄電池として活用することも検討しなくてはならない。これらの動きはまだ始まったばかりであり、過渡期である現在の状況は東日本の原発の再稼働が進まないため極めて脆弱なものだ。

万一、関東地方が大地震大津波に襲われた場合、送電線や電柱のことはさておいても電源を近場の火力発電所に大きく依存している首都圏では、北海道で起きたような大停電になることはほぼ確実だ。東日本大震災後、原発を欠いた日本の電力供給体制は石炭火力で救われたと言える。既設の石炭火力発電設備は約一〇〇基、発電容量は四〇〇〇万kWに上る。東日本大震災以降、五〇基の新増設計画が浮上し、八基が稼働済でさらに二〇基が着工している。今や日本では石炭火力はLNGとともに電源を支える大

図 13　日本全体の電源構成（2018 年）

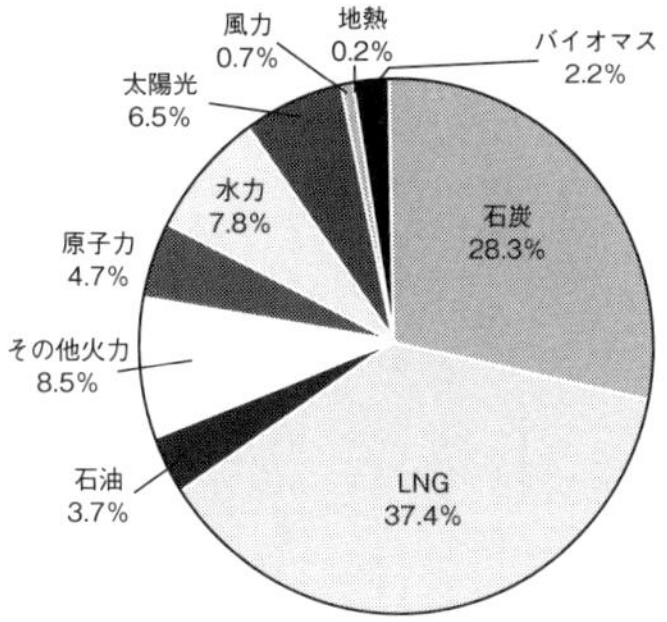

出典：資源エネルギー庁「電力調査統計」

きな柱になっているが、このままでは行き詰まる（図13）。

石炭火力の最大の問題は、二酸化炭素の主な排出源になっていることで、高効率の設備が開発されているとはいえ、依然として他の電源に比べて二酸化炭素の排出は多い。２０２０年、ニューヨークの国連本部で開催された「気候行動サミット」に出席した小泉進次郎環境大臣は記者たちに石炭火力発電をどうするか問われ「減らす」とは言ったものの、「どうやって」と聞かれて答えられなかった。

4、石炭火力は四面楚歌

国の脱炭素化政策が進む前に石炭火力が思わぬ形で強制退場させられそうな事態が発生している。というのは米欧の保険会社で石炭火力関連の損害保険の引き受けを停止する動きが相次いでいるからだ。世界中の大企業がＥＳＧ（環境・社会・企業統治）を重視する中、金融業界が地球環境への悪影響で評判の悪い石炭火力への関与はリスクが大きいと判断しはじめた。

欧米では金融機関から融資を得られず、さらにチューリッヒ、アクサ、チャブなどの大手損保から損害保険の引受を停止され、石炭火力の閉鎖や建設中止の動きが広がっている。その代替としては発電コストが急落した再生可能エネルギーが勢いを増している。

最近、日本でも三メガバンクが石炭火力への融資を取りやめたり引き上げたりする動きがある。損害保険会社は世界中で再保険をかけるようになっているため、欧米の大手損害保険会社の方針は直ちに影響する。日本の損害保険会社も石炭火力の新規建設と運営に関して損害保険を引受けられなくなる可能性が高い。損害保険引受拒否は電力会社に対してだけでなく、炭鉱、設備メーカー、工事会社など関係筋全部に対して適用されるので、新規建設はもちろん既設の運転保修にも支障をきたすことになる。日本が依存を深めている石炭火力が突然死するリスクが現れたということだ。

このリスクを回避するには、石炭火力にCCS（二酸化炭素貯留装置）、CCU（二酸化炭素利用装置）を付けるか、石炭火力が発電している電力量をLNG、原発、再生可能エネルギー、節電などで代替するしかない。CCS、CCUについては北海道の苫小牧で日本初の貯留の実証テストが始まったばかりであり、コスト増と適地不足で実用化するかどうかは不透明だ。

LNG、原発、再生可能エネルギー、節電についてもどれかひとつで代替出来るわけではなく、それぞれ最大限の努力をしなければ、全発電量の三割もの電力をカバーすることは出来ない。日本は思わぬかたちで、戦後最大のエネルギー危機を迎えようとしている。

5、再生可能エネルギーで低効率石炭火力の代替は可能か

石炭火力はＬＮＧ火力とともに我が国の電力供給の大きな柱になっているが、経済産業省は地球温暖化対策の観点から二酸化炭素の排出量が多い低効率な石炭火力発電所の休廃止を進めると発表し、削減に向けた制度設計の議論を始めた。二〇一九年で我が国の全発電量（約一兆キロワットアワー）の三二パーセントを占める石炭火力の発電量（三三〇〇億キロワットアワー）の約半分、即ち一六五〇億キロワットアワーを今後失うことになる。高効率の石炭火力は残し、新たな建設も認めるとしているが、削減の目標年度である二〇三〇年までに一六五〇億キロワットアワーを別の電源で発電するか、節電・省エネで凌ぐ必要がある。

代替できる可能性のある他の電源はＬＮＧ火力発電、水力発電、原発、風力発電、太陽光発電、地熱発電、バイオマス発電などであるが、あと一〇年でとなると風力発電と太陽光発電を中心に考えるしかない。

一六五〇億キロワットアワーを風力発電と太陽光発電で、それぞれ八二五億キロワットアワーで代替すると仮定すると、この発電量は二〇一八年に風力発電が発電した七六億キロワットアワーの約一一倍にあたる。また、太陽光発電が発電した七四〇億キロワットアワーの一・一倍にあたる。今ある設備に

風力発電はさらに一一倍の設備を追加し、太陽光発電は現在とほぼ同じ大きさの設備を二〇三〇年までに建設する必要がある。

これが可能かどうかを風力発電協会と太陽光発電協会の二〇三〇年予測によって確認すると、風力発電協会の提示する二〇三〇年の中期累積導入目標では、その年には三六二〇万キロワットの風力発電設備があり、年間八一〇億キロワットアワーを発電することとしている（二〇五〇年には七五〇〇万キロワットの設備で年間一八八〇億キロワットアワー）。低効率石炭火力の代替として期待した八二五億キロワットアワーに近い数字になっている。

続いて、太陽光発電協会の二〇三〇年の累積導入目標では一億キロワットの太陽光発電設備があり、年間一二三二億キロワットアワーを発電することとしている（二〇五〇年には三億キロワットの設備で年間三九二七億キロワットアワー）。低効率石炭火力の代替として期待した八二五億キロワットアワーを一五〇パーセント達成することになっている。

念のため、発電コストも確認したところ、風力発電は二〇三〇年時点で七・九円／キロワットアワーとなっている。また、太陽光発電は二〇三〇年時点でメガソーラーなどは七円／キロワットアワー、家庭用などで一〇円／キロワットアワーとなっており、低効率の石炭火力と遜色はない。

今回、エネルギー基本計画を見直すに当たって、各方面から再生可能エネルギーのシェアを従来の二二〜二四パーセントから大幅に引き上げ、四〇パーセント程度まで引き上げるべきであるとの意見が出ているが、絶対に無理な話ではなさそうだ。しかし、太陽光発電や風力発電は出力の不安定さがつきもので、この対策が可能なのか、対策コストがいくらかかるかを確認しなければ石炭火力の代替が可能とは言えない。

地域を超えた連係送電線の建設、揚水式水力発電の活用、発電端と消費端での蓄電池の設置、電気自動車の蓄電池の活用、超伝導を使ったフライホイールや圧縮空気をタンクに貯める方式、シーメンスの開発している火山岩を高温にして蓄熱する方式など新たな蓄電設備の開発などをいかにして進め経済性を維持するかが再生可能エネルギー大量導入の鍵となりそうだ。

6、二つの新たな対策の登場

最近、火力発電所をそのまま活用する新たな対策が登場した。ひとつは石炭火力発電の燃料を石炭からバイオ燃料に変えることで二酸化炭素フリー電源にすることだ。静岡県富士市の日本製紙工場内の石炭火力発電所「鈴川エネルギーセンター」を運営する同社と三菱商事パワー、中部電力はセンターを二〇二二年四月までに再生可能エネルギーのバイオマス発電に転換することを決めた。石炭火力から転換するバイオマス発電所としては国内最大規模になる。今後、日本では石炭火力発電所を順次バイオマス発電所に変換していくことが考えられる。

この場合、一番の課題はバイオ燃料の供給だ。日本は森林に覆われているが安定したバイオ燃料の供給は出来ておらず、東南アジアなどからの輸入に依存しているものが多い。国内の林業再建の中で、間伐材などの供給体制の構築を急がねばならない。バイオマス原料となる植物が生育する間に大気中の二酸化炭素を消費するが、これは過去の分を食っているだけである。そのため日本による国内外での植林の推進も考えねばならない。

もうひとつの良い知らせは、アンモニアや水素を燃料とする火力発電で、今の設備の一部を改造することで二酸化炭素排出が抑制される。燃料としては他にマグネシウムも可能性があり、この場合は資源量も豊富で取り扱いも楽だ。

7、JERAの勝算

菅首相は二〇二一年の臨時国会で所信表明演説を行い、温室効果ガス排出量を二〇五〇年までに実質ゼロとする目標を宣言した。実は株式会社JERA《ジェラ》が首相の所信表明より先に、二〇五〇年に事業活動における二酸化炭素の排出量を実質ゼロにする目標を発表しており、菅首相の宣言は二番煎じだ。

JERAは二〇一五年に東京電力と中部電力の火力部門を統合するために折半出資で作った世界最大級の火力発電会社で、日本の火力発電所の約半数を保有し、日本の電力の三割を供給している。既に石炭火力から天然ガス火力へ大きな転換をしていることも特徴で、売上高三兆円に迫る巨大企業である。同社の発表が他社の火力発電に与える影響は大きい。

火力発電所は緊急に電力が必要な場合、すぐに起動し、出力調整が自由、出力も大きく安定的なため、出力不安定な再生可能エネルギーの拡大には欠かせない存在だ。ＪＥＲＡが早々と実質二酸化炭素排出ゼロ宣言をしたその裏には勝算があるとみるべきだろう。同社の発表によれば今後、火力発電所の燃料をアンモニアや水素などに転換する。まずアンモニアと石炭を混ぜて燃やす試験を開始し、水素については二〇三〇年代から実際の火力発電所で水素を使用する計画だ。

石炭とアンモニアの混焼試験は既に中国電力の水島発電所で二〇一七年に実施された記録がある。日本の火力発電所は日本のメーカーによって建設、保修が行われている。アンモニアや水素を燃料とした火力発電の開発も原発と同じく日本メーカーに依存するところが大きい。

三菱日立パワーシステムズは、アメリカユタ州の独立電気事業者から火力発電設備を水素を燃料として利用出来る発電システム（八四万キロワット級）に変換する工事を受注し、再生可能エネルギーで製造した水素で二〇二五年に水素混焼率三〇パーセント、二〇四五年までに水素一〇〇パーセントでの運転を目指している。同社はまたオランダのエネルギー企業のプロジェクトにも参加し、天然ガス火力の水素専焼発電所への転換も可能であることを確認したとしている。水素を燃料とする火力発電の技術的可能性は十分なように見えるが課題も多い。

それは水素のコストが石炭火力や天然ガス火力と比べて高いことだ。特に二酸化炭素を排出せずにアンモニアや水素を作ろうとするとまだまだコストが商業ベースには乗らない。二〇三〇年までに一キロワットアワー当たり一七円まで下げることを目標にしているが、それでも石炭火力の約二倍だ。さらに水素を燃焼させた時の窒素酸化物の排出量が石炭などより多く、コストをかけずに低減させるための技術開発が求められる。また、発電に使う大量の水素を安定して供給できる体制の整備もしなくてはならない。

オーストラリアで商品価値のない褐炭を使ってアンモニアや水素を作り、発生した二酸化炭素は地層に閉じ込めて固定する方法が日本の商社とメーカーによって試験的に行われている。製造した水素は専用タンカーによって日本まで輸送しタンクに貯蔵する。この他に、条件のよい場所で太陽光や風力で発電し、その電気で水を分解して水素を作る方法もある。

いずれにしても製造コスト、環境負荷、実用性、供給量など総合的に優れたものが勝ち残る。菅首相の演説で「火力発電はもう終わりだ」と考える人も多いかもしれないが、世界の風潮に抗して火力発電の生き残りに賭けているＪＥＲＡと意欲的な日本のメーカーに期待したい。

8、日本人の気質と原発

「ホモ・デウス」などを著したイスラエルの歴史学者ユヴァル・ノア・ハラリは「人は感情で物事を決めるのであり、少しも合理的科学的ではない」と言っている。日本人の場合は平均以上に感情的だ。あっさりした味の料理が好き、竹を割ったような性格は多くの人に好まれる。浮世絵を見ても人物、風景は輪郭がくっきりとしている。江戸の市民は「宵越しの金は持たない」「火事と喧嘩は江戸の華」と威勢のよさ、気っぷの良さが自慢だった。

昭和に入っても、アメリカやイギリスと外交交渉がうまくいかないことに苛立っていた日本人は「帝国は今朝、西太平洋においてアメリカと戦争状態に入れり」の放送を聞くと圧倒的国力の差があるアメリカと戦争を始めることに、インテリから庶民まで「我等の気持ちはもはや昨日までの安閑たる気持ちから抜け出した」「爽やかな気持ち」と声をあげた（加藤陽子著『それでも日本人は戦争を選んだ』より）。いままでの膠着した日中戦争の重苦しい雰囲気が一気に晴れ晴れとしたようで、この爽快感を好む性格は今日でも引き継がれている。

電力供給の約三割を依存していた原発についても、福島第一原発の事故が起きると脱原発、それも即脱原発というリスキーな判断に少なからず国民が賛成している。少しずつ依存度を減らすとか、安全性を向上させて使い続けるというような地道な方策は人気がない。

即脱原発という主張に爽快感を覚え、例え電力供給に困難を来すリスクがあっても「なんとかなる」「我慢すればよい」など根拠もない理由をならべる。江戸の市民は「宵越しの金は持たない」と粋がったが現代人も同じだ。有り体に言えば、今日の日本人はほとんどの原発が停止しているという爽快感（安心感？）を大きな経済的負担で買っているのだ。

太平洋戦争では日本は何百万人もの命を失い、大きな負担を強いられたが、開戦時に爽快感を求めて興奮したことが大惨事に繋がったとことを戦後七〇年にして忘れ、多くの日本人がエネルギー政策について沈着冷静な判断を欠いている。このまま新増設がなければ、運転期間を現在の四〇年から六〇年に延長したとしても稼働できる原発は二〇五〇年に一八基になり、二〇六〇年には五基となる。もし原子力利用という選択肢を排除しないなら五〇年先を見据えた長期計画を今から考える必要がある。

首都圏で使用している電力は東京湾岸の火力発電所、鹿島地区と福島県浜通りの火力発電所でほぼまかなっており、現在は原発には依存していない。東京の西側には大きな電源はない。中部電力との間に地域間で電力を融通して停電を防ぐ役割の連系線は強化されたが、広域な地震や津波が発生すると東京湾岸と福島・茨城に依存している東京電力の火力発電所に影響し、柏崎刈羽原発も再稼動していないとすると首都圏は大停電になる可能性が高い。

十分な注意を払いながら今ある原発を使い一〇年後、三〇年後を目指した再生可能エネルギーの主力電源化を着実に進め、ここはなんとしても大停電だけは起こさないようにすることが肝要だ。もし大停電が起きて多くの命が失われるようなことがあれば、それこそ原発の継続や拡大に世論が大きく振れて、脱原発を主張している勢力は劣勢に立たされることになる。

9、再生可能エネルギーの死角

新たな主力電源として将来を嘱望されている再生可能エネルギーだが死角はないのか。再生可能エネルギーは自然の力を利用しているが自然現象はいつでも適度なものばかりではない。東日本大震災で経験したように突然大地震が広範囲に起き、山のような大津波が襲ってくるのが大自然だ。

太陽光発電にせよ風力発電にせよ、総じて従来の火力発電や原発のような重厚な設備と比較すれば強靭でないものが多い。辺境の地から大消費地までの長い送電線もある。火山の噴火による火山弾の直撃、土石流、降灰、地震による地面の崩壊、巨大台風、竜巻、砂嵐、雹《ひょう》、森林火災、洪水や津波などによって破壊される恐れがある。最近、日本ではそれらの記録が塗り替えられることが多く被災事例も増えている。全国各地で風力発電所の倒壊や羽根の破壊、太陽光発電設備の水没などが起きていることが報告されている。

設備が簡単なものであるからテロなども容易に攻撃を仕掛けて停電を起こすことも出来る。再生可能エネルギーは範囲が広い場合が多く原発や火力発電所と違って防御が難しい。メガソーラーや風力発電所は数百メートルに及ぶ巨大なもので、破壊された場合、修復は技術的には可能であっても資金的には出来なくなる可能性がある。

太陽光発電協会では会員に対して水害時の感電の危険性、火災、落雪事故、反射光トラブル防止などについて注意を喚起している。太陽光発電も風力発電も近隣住民にとっては景観破壊、自然破壊の元だ。野鳥や野生動物への影響、特に風力発電はバードストライクの問題があり、環境アセスで計画が頓挫したり、稼働後に止められたりするリスクがある。すでに各地で反対運動が見られ送電線建設についても反対が多い。

まだ知られていない原因で健康障害が起きる可能性もある。風車の起こす低周波の騒音、太陽光パネルの反射光や熱も近くに住宅地や別荘があると問題になる。先々これらの問題が補償や規制強化の対象となる可能性がある。

廃棄物はどうなるのか。現在はまだ建設が盛んであるが、一〇～二〇年後には大量に寿命を迎え大量の廃棄物が発生する。すでに廃棄に関するガイドラインがつくられているが、コストもかかるだけに放置されないようにしなければならない。

しかしなんといっても最大のリスクは出力が不安定なこと、稼働率が低いことだ。これは発電の原理にかかわることなので根本的には改善出来ない。そのことをよく認識しておかないと、大量の再生可能エネルギー設備を抱えてまったく発電が出来ない、あるいは消費地に送れないという事態になりかねないため、バックアップ電源や蓄電などの備えをしておかないと安心して使えない。

現代はすべてが電気で動いている世の中である。停電はおろか周波数の変動でさえ大きな障害を起こし社会を混乱に陥れる可能性がある。このための対策は多重化しておかなければならず、手抜きをすれば痛い目に遭うことは必至である。

この点はかつての九電力の地域独占体制では、「停電を起こしてはならず、起こしてもすぐに復旧しなくてはならない」がすべての電力マンの遺伝子として連綿と引き継がれてきた。果たして利益を求めて新規参入してきた企業が多いなかで、社会的責任がどこまで意識されているかは正直不安がある。

いままで開発された再生可能エネルギーは、従来の水力、火力、原子力などを手がけた大手電力会社、商社、ゼネコン、地方自治体と違って事業主体が弱小なものもあり、資金的、人的に不安があり倒産した例もかなり出ている。高い固定価格買取りが先々まで続くなど、政策の失敗でせっかくの再生可能エネルギーが逆に消費者の負担になるなど政策面でのリスクも考えなくてはならない。今はもてはやされている再生可能エネルギーではあるが、主力電源化をするのであれば、消費者や納税者や地元住民の立場になって、その問題点を事前に徹底的に洗い出して対策をしていかなければならない。

10、ウサギとカメ

近年、再生可能エネルギーの性能向上の速さは際立っており驚くことが度々だ。ここ一〇年間で太陽光発電が八二パーセント、風力発電が三九パーセントも発電コストを下げ、大半の国で太陽光発電が火力発電よりコストが安くなった。

再生可能エネルギーの弱点である不安定さをカバーするための揚水式水力発電や蓄電池などのコスト分を足しても競争力を持つくらいに発電コストが下がっている。蓄電池の価格も一〇年間で半分になり、日本でも蓄電池併設の風力発電所や太陽光発電所が建設されている。連係線の増設、送電線の運用も改善しはじめている。技術の進歩はまだまだこれからのようだが、現実を変える力を持っている。

一方、技術的に既に成熟した原発は再稼働ひとつとっても全国で五兆円もの改造費用をかけたうえ一〇年掛かって再稼働は一〇基に至らない。この間、安全性向上のための追加仕様で新たな建設費は倍増し一基一兆円になっている。当然発電コストも上がっている。経済産業大臣も「原発新設」発言は封じており、最近の水戸地裁判決のように裁判所によって停止させられるリスクもあいかわらず。再生可能エネルギーをウサギに例えれば原発はカメだ。

ウサギが目を覚ましカメは体力を失ってますますノロノロになっている。使用済み燃料プールが満杯になって原発を停止しなくてはならないようなことがあれば大変だ。若い頃から原発を推進してきた筆者としては、メディアが再生可能エネルギーの肩を持ちすぎる傾向があることも、原発の本来持つ優れた点もよくわかっているが、ウサギとカメの競争は年々厳しさが増している。原発は技術的問題もさることながら、社会的問題の解決が日本ではあまりにも重荷になって当事者にのしかかる。

ウサギが切り株につまずいて転んだり、カメがダッシュする可能性がどのくらいあるのかわからないが、このままでは勝敗はまもなく決してしまうように思える。最近、反原発・自然エネルギー派の発言を聞いていると、原子力バッシングではなく原子力パッシングのように聞こえ余裕さえ感じられるが、原子力村の元住民でこのように思う人は筆者だけだろうか。

11、ネガワットの勧め

昨年、政府は二〇五〇年に温室効果ガスの排出量を実質ゼロにする目標の達成に向けた「グリーン成長戦略」の実行計画をまとめた。それによれば洋上風力発電や原子力など一四の重点分野を指定。それぞれの拡大目標や必要な対応策を記し、これをたたき台に政府の成長戦略会議などで議論を続け、近く具体策を示す方針だ。

実行計画は、産業界などの電化が進むことで、二〇五〇年の電力需要が現在より最大で五〇パーセント増えると想定した。どのような根拠かわからないが需要が最大五〇パーセント増とは驚いた。総務省統計局の「日本統計年鑑」によれば、二〇二〇年代以降は毎年五〇～一〇〇万人の人口減が予想されている。そのような状況で電力需要が五〇パーセント増えるというのは正しいのだろうか。民間シンクタンクは逆に二〇五〇年の電力消費は二〇一六年の二〇パーセント減と予測している。これほど予測が違っていて大丈夫なのだろうか。

電力需要の抑制すなわち電力消費が減ることはネガワットと表現されるが、それは財布に優しく環境にも良い。

・輸入資源が減って国産化率が上がり、エネルギー安全保障に貢献出来る。
・電源設備への投資、メンテナンス費用が少なくて済む。
・電源のなかで火力発電を先に減らせば、より二酸化炭素排出が減る。
・稼働率が低く発電コストの高いバックアップ設備が少なくて済む。
・電源立地や廃棄物処分に係る国民負担が減る。

一般にモノには長短があるが、電力消費が減ることは電力会社の売上が減る以外に短所がほとんどない稀有な例だ。これからのエネルギー基本計画を作るために、ネガワットをどうするかについて会議の時間の半分を当ててもよい。

二〇五〇年にかけて需要が増える要素として、IT関連需要の増加（ビットコインは莫大な電力を消費するとも言われている）、電気自動車の普及、二酸化炭素排出抑制のための産業や家庭における電化がある。対して今後需要が減る要素としては、人口減少と地方の衰退、省電の進歩や普及（古い設備や家電の廃棄、省電タイプの新製品普及）、IT機器の省電技術の進歩、住宅の断熱向上、電力の自給自足の拡大、産業構造の変化、水素エネルギーによる代替などがある。

もうひとつ発想転換の必要なのは、需要に合わせるかたちで供給を論じてきたことだ。需要に応じた供給が使命の「電力はユニバーサルサービス」の精神は電力会社の独占体制内で関係者にしっかり浸透してきた。そのため、全国の発電設備の稼動率は五〇パーセント、すなわち半分はいつも待機状態であり、ついでに送電線も半分はいつも空けておく運用がされてきた。それにかかるコストは電力料金に含まれて消費者が負担していた。

しかし、これからは需要を供給に合わせることも考えるべきだ。特に出力不安定な再生可能エネルギーの主力電源化を図ろうとするとき、蓄電だけが方策ではない。ＩＴや通信技術を駆使して消費側にも臨機応変に需要の時期を変更してもらうことでバックアップする発電設備の稼動率を上げる。それによって電力料金のコストダウンが出来る。これも形を変えたネガワットだ。我々には柔軟な思考が必要だ。

12、蓄電の必要性

電気事業が始まって以来、電力需給は需要が主人であり供給が従者であった。供給側は常に需要曲線を追いかけて必要とする電力を送らねばならない。しかも他の商品の需給とは異なり、絶えず需要と供給がピッタリ同量である必要があり失敗すれば停電する。九つの電力会社は給電指令所から火力発電所や水力発電所に指示を送って発電機の負荷を需要に合わせて細かく調整し続けていた。また、供給量が大幅に不足する事態に備えて揚水式水力などによって電力を貯蔵しておき、需要に合わせて電力を取り出すことが行われている。また、それでも不足する場合は、他の地域から連係線を通じて送電してもらうことや大需要家に対して電力使用制限を行って同時同量を維持して停電を回避してきた。

近年のように太陽光発電や風力発電といった再生可能エネルギーが増えてくると、自然のゆらぎで出力が不安定になり、しかも負荷に追従することが出来ないため火力発電所の出力増減依存が過剰になり、揚水式水力発電所による調整も限界になっている。そこで最近では、街を走る電気自動車に搭載されている蓄電池を蓄電池代わりに使おうという試みが、電力会社によって行われている。また、多数の家庭の蓄電池の蓄電・放出を遠隔で管理したり、普及したエコキュートの炊き上げ時間を遠隔操作で変更したりすることで電力需要をコントロールすることにも挑戦している。

インターネットやブロックチェーンなど情報技術や蓄電池が急速に進歩したこと、比較的大きな蓄電池を搭載している電気自動車が普及し始めたことにより、需要を発電状況に合わせて意図的に増減させることで同時同量を達成させることが可能になりつつある。同時同量の原則は変わらないが、供給側が一方的に需要に従う伝統的な電力需給方式が絶対ではなくなっている。また、短時間ではなく長期間の需給のアンバランスに対しても、揚水式水力発電や大型蓄電池以外の方式の技術開発が世界中で行われていて目が離せない。

13、大出力電源の短所

水力発電、火力発電、原発など電源の歴史は大出力化の歴史だったと言える。最近はやりの太陽光発電や風力発電も同じ道をたどっている。同じ仕組みの装置であれば大出力ほど経済性が向上する。安定性、安全性などを除けば発電単価の安さが電源としての競争力の源泉であり、電源は世代を繰り返すにつれて大出力化する運命にある。

出力を大きくするにはタービン発電機を大型化する。そのためには送り込む蒸気量を増やすことになり、蒸気発生器を大型化し、その蒸気を発生させる熱源を大きくするためにボイラーや原子炉を巨大化する。大出力ともなれば消費地までの送電線も大型化しなくてはならず、ロスを減らすために高圧化する必要がある。

そのようにしても敷地面積や建屋の大きさ、設計・建設工事費はあまり変わらずに大出力化することで発電コストを下げ、経済性を向上出来た。環境監視や定期検査などの費用や期間も大出力の方が有利である。しかし、設備の大型化には限界があり、それは材料の強度である場合が多いが、製造工場の床の強度がもたない、出入り口より大きなものは造れないなどという場合もある。

時代が下るとともに、水力発電や火力発電や原発だけでなく、太陽光発電や風力発電も含めてどの電源も大出力化するが、それに伴う短所も目立つようになることを知らなければならない。

・原発を大出力にすると事故停止したときのために同じような大出力のバックアップが必要であり、そのためにたくさんの揚水式水力発電所や旧式火力発電所などをスタンバイさせておく必要があり、なおかつ大停電のリスクも増加する。
・再生可能エネルギーが大出力化したばあいも、バックアップしている火力発電について問題が生じることをエネルギー基本計画の検討資料は次のように指摘している。「非化石が拡大する中、火力発電所の設備利用率が低下し事業性に影響している。他方、再エネの導入拡大や、安定供給上必要な供給力・調整力としての（火力発電の）機能はより一層求められる」
・小出力型は同じ形のものを大量生産することで製造コストを下げることが出来るが、大出力のものはほぼ注文生産、一品生産で製造コストは下がりにくい。
・大出力であることは、火力の場合は運転中に排出される二酸化炭素、窒素酸化物が多くなる。原発の事故の際の放射性物質による被害が大きくなることをも意味している。原発が廃止措置を行う場合、廃棄物の量が多くなる。
・大量の燃料を調達し、運搬や貯蔵しなくてはならない。このリスクも要注意だ。
・大型は投資額が大きいので撤退することもなかなか難しい。つい経済性を損ねても存在を否定しにくくなる。途中で廃止すれば座礁資産となる。
・電力が余った時の対応が難しい。原発は停止後の再起動が苦手であり、負荷追従運転も好ましくないとされているため、需要が少ない夜間は揚水式水力に電力を貯蔵しておく必要がある。メガソーラーや大型風力発電等にも言えることである。

・技術進歩が早い時代では、投資回収に時間がかかる大出力電源は競争に弱い。関係者が保守的になり、新たな開発には意欲的ではなくなる。

逆に言えば、以上のような短所がないのが分散型によく採用される小出力電源である。実際の運用を考えると大出力電源に過剰に依存することはリスクが大きすぎるため、二〇五〇年においても、従来通り大出力電源と中小出力の電源との組み合わせが必要となる。

14、バック・トゥー・ザ・フューチャー

エネルギー基本計画の見直しには「逆転の発想」ならぬ「逆算の発想」が必要だ。再エネ、原発など二〇三〇年、二〇五〇年に何キロワットアワーにするとしても、実現性という観点からの検討がされなくては絵に描いた餅になる。

例えば、二〇五〇年時点で二酸化炭素排出を実質ゼロにするには、原発が電源の二〇パーセント程度なければ石炭火力発電所を全廃出来ないとする。そのためには建設に必要とする期間が一〇年かか

る新規の原発は、少なくとも二〇四〇年には工事道路や基礎掘削の準備工事に着工していなければ、二〇五〇年の発電開始は物理的に出来ない。その一〇年前、すなわち二〇三〇年には新規制基準に合致させた内容で設計図は完成させておく必要がある。それには二〇二〇年代の早い時期に建設場所、炉型、出力、担当メーカーが決まっていなくてはならない。最大の難関は地元の合意だ。一番実現性のあった関西電力の美浜原発の増設は不祥事で現在は話題にすることもはばかられている。他の地点ではさらに見込みがない。

「逆算の発想」で行くと新規の原発以外にも工事中の原発、さらに目標値を下げたプルサーマル一二基、使用済み燃料の仮保管場所にしても目標の実現はなかなか厳しいことがわかる。

国際大学大学院の橘川武郎教授は「一部には、菅政権のカーボンニュートラル宣言は原子力発電の復活を狙っているとの声があるが、それは違う。菅政権は依然としてリプレース（建て替え）は行わないなど原発に対しては踏み込んでおらず、逆に火力発電の脱炭素化が実現するなら、二酸化炭素を出さない電源としての原発の必要性は薄れる。菅政権は安倍政権と同様に原発をそっとしておくつもりだと思う」と述べている。

既にこの一〇年間にわたる多くの原発停止や計画の遅延により、学生の関心は原子力から離れており、新規採用された社員も経験を積めないまま、この一〇年を過ごしてきた。ましてより経済的に厳しいメーカーや下請け、関連企業は長らく仕事が少ない状況が続いており、原発の仕事から手を引き他の分野に進出したものも多い。橘川教授の言うように、菅政権にいままでのようにそっとしておかれたら、「逆算の発想」で考えるまでもなく、人材や製造設備の維持の点で耐えられないだろう。

15、不公平な賦課金制度

再生可能エネルギーを普及するために高い価格で電力を買取り、その差を賦課金という形で電力の消費者に広く負担させているのがＦＩＴと呼ばれている固定価格買取り制度だ。家庭用は一〇年間、メガソーラーなど事業用は二〇年間買い取られるから、その間は賦課金が電気料金に上乗せされる。最近では標準世帯で年間一万円を超す賦課金が電気料金に上乗せされており、再生可能エネルギーの増加に伴い電力消費者の負担が大きくなっていることが問題視されている。増加傾向は二〇三〇年まで続き、その後は徐々に減っていくと予測されている。

この制度は使用する電力量に比例して賦課金を消費者から徴収しているので、一見公平に見えるが実はそうでもない。最も恩恵を受けているのが太陽光発電を個人の住宅に設置している人である。太陽光発電で発電した電気は自家消費以外を電力会社に売電しており、電力会社から毎月平均一万円程度が支払われている。不足する電力は電力会社から購入しているが、その量は太陽光発電のない世帯の半分以下である。賦課金は電力会社から購入する電力に比例してかかるので、一般の世帯の半分しか負担していない。要するに賦課金を原資として売電分をもらい、支払う賦課金は半分で済んでおり、二重にこの制度の恩恵を受けているのだ。

貸家やアパートに住んでいる人はこのような恩恵を受け出来ないという不公平がある。さらに最近、福島第一原発の廃炉・賠償費用が当初想定の一一兆円を大きく上回る二〇兆円を超えるという発表があり、その追加費用が電気料金に上乗せされる可能性があるようだ。ますます電力会社から電気を買わないで自分で発電した方が有利になる。既に太陽光発電を設置している世帯は、蓄電池が安くなればそれを設置して電力会社から買う電力をさらに減らすことで、賦課金をどこまでも少なくすることが可能になる。マイカーを電気自動車にすれば、そのバッテリーで夜間の電力を賄い、賦課金から逃れることもありだろう。金に余裕のある人は、こうしてどんどん賦課金逃れをする。取り残された人たちはこれから増える賦課金をより少ない人数で負担しなくてはならなくなり、毎月の電気代と賦課金、さらには福島第一原発関連の負担金に苦しめられることになる。それではあまりにも不公平だ。

16、赤道を越える電力輸出

オーストラリアで発電した太陽光発電の電力を、赤道を越えてシンガポールへ送電するプロジェクトをオーストラリア政府が認可した。ウェブで見つけたこのニュースは間違いなくビッグニュースだ。EnergyShiftというサイトによればニュースの概要は次のとおりだ。

オーストラリア北部州のノーザンテリトリーにある世界最大級のメガソーラーから三七〇〇キロメートルの長さ（日本列島は長さ３５００キロメートル）の高電圧直流海底送電ケーブルを使って、インドネシアやシンガポールへ電力を届けるプロジェクトをオーストラリア政府が国の主要プロジェクトに認可した。これが完成すればシンガポールの消費する電力の五分の一が賄われる。総事業費は二〇〇億ドル。八〇億ドルが直接オーストラリアに投資され、完成すれば年間約二〇億ドル相当電力の輸出になる。建設期間中にはオーストラリアに雇用を生み出し、建設後も間接的に雇用を創出する。

エネルギーに関する世界の動きは実にダイナミックだ。以前、イタリアで地域間の電力需給をマッチさせるために長距離の海底ケーブルを敷設する計画を日本企業が請け負ったが、今回はスケールが桁外れだ。エネルギーは国の存立にかかわることで、ロシアとＥＵの天然ガス輸送パイプ問題のように全面依存については慎重にならざるを得ない。しかし日本は天然ガス、石炭、石油を全面的に海外依存しているのだから、いまさら何を心配するのだろうかとも思える。

日本があくまで電力輸入に手を出さないとしても、このニュースは十分に注目に値する。今、計画が目白押しの北海道沖や青森沖の洋上風力発電から電力を首都圏に、あるいは秋田沖や新潟沖の洋上風力発電から名古屋、関西方面に送電する場合、国土の七五パーセントが山地、山麓の我が国では陸上を経由するより海底を通した方が経済性、安全性、実現性が高いと思われる。海外プロジェクトの後塵を拝するのは残念だが、是非とも国産技術でこれを成し遂げて欲しい。

17、老舗メーカーの古くて新しい蓄電池

画期的な蓄電池が古河電工で開発された。現在、自動車や非常用などに使われているお馴染みの鉛の蓄電池の新製品だ。鉛蓄電池でありながら同じ性能のリチウム電池とくらべてトータルコストが半額という。これは衝撃的なニュースだ。

再生可能エネルギーは出力の不安定さがネックになっており、北海道ではメガソーラーは蓄電池併設でなければ系統に接続してもらえなかった。最近ではリチウムイオン電池やＮＡＳ（ナトリウム硫黄）電池、あるいはレドックスフロー電池を併設する計画が次々に実現しているが、蓄電池のコストは常に悩ましい問題だった。

これが一気に解消するとともに、電気が余っている時間帯に充電しておきピーク時に放電することで、高い価格で電気が売れる可能性が出てきた。需給逼迫時、玉が豊富になれば電力取引所の活性化にもなる。

トータルコスト半額の新型鉛蓄電池なら再生可能エネルギーに併設しても十分に経済性がある。リチウム電池なども一層のコストダウンを迫られることになる。電力需給全体としても理想的だ。再生可能エネルギーに蓄電池を併設する方式が一気に普及するかもしれない。石炭火力の九割を廃止する方針が伝えられると、再生可能エネルギーの主力電源化は実現出来るのか、原発は再稼働できるのかと心配が募った。しかし、この蓄電池の登場で、それぞれ発電する場所で蓄電をすれば揚水式水力発電所や送電線を建設しなくても需給バランスが取れる可能性が出てきた。消費する側に蓄電池を設置した方がよい場合もあるだろう。

古河電工は定評あるメーカーであり、一年半後に出荷となる計画は実現性も高いと考えられる。性能向上で近々一キロワットアワー一〇円を切るのは確実なソーラーパネルのメガソーラーは出力不安定、蓄電コスト高が泣き所だったが、これでエネルギー基本計画にある二〇三〇年までの再生可能エネルギーの主力電源化が見えてきた。専門的なメディア以外一般には報じられなかったニュースだが、日本のエネルギーあるいは電力供給にとってたいへん大きなニュースであったと言えよう。

18、エネルギー計画に夢を

政府が決めた二酸化炭素排出実質ゼロ達成まであと三〇年。それに向けてエネルギー基本計画が検討されている。まだ三〇年もあると思うか、もう三〇年しかないと思うか、人によって考え方が違う。しかし、今後三〇年間にどんな画期的な発明、発見があるかはわからない。過去三〇年を振り返っても「ない」とは断定できないだろう。

フィリピンの大学生が、先ごろ変換効率五〇パーセント（従来は最大二五パーセントが限界とされていた）にもなる太陽電池の素材を発明しダイソン賞を得た。紫外線を可視光線に変換するオーレウスと名づけられたこの素材を使った太陽電池は、ビルの壁に貼っても、曇空であっても従来の太陽電池並の発電をする。原材料はなんと廃棄される野菜クズだ。これが製品化されるかはこれからだが、もし出来たとすると太陽光発電はいままでの倍の出力を期待してよいことになる。

もうひとつの注目したいニュースはドイツの大手メーカーの開発している岩石発電（岩石蓄熱）だ。福島第一原発の事故後、脱原発に突き進んでいるドイツは再生可能エネルギーを拡大したものの、電力料金の高騰と太陽光発電や風力発電の出力不安定さをカバーするために石炭火力発電所を廃止出来ないという悩みを抱えているが、そのなかで、火山岩を大量に使った安価な「新電池」が開発されつつある。電力の変換効率はリチウム電池の半分だが、コストは一〇分の一だ。これで再生可能エネルギーの出力変化を吸収出来れば大きな問題解決になる。

世界的電機メーカーであるシーメンスの子会社シーメンスガメサ・リニューアブル・エナジー社は、ハンブルグの試験施設で八〇〇立方メートルのビルのような容器に入った一〇〇〇トンの火山岩を風力発電の余剰電力でファンヒーターを使って六〇〇℃以上の高温にして蓄熱する装置を開発した。発電する時は岩石に蓄えられた高温で水蒸気を発生させタービンをまわし発電する（出力一・五ＭＷ）。機器はほとんど一般の量産されているものが使える。発電とともに高温の蒸気も暖房用などに使えるので効率は高い。二〇二二年には商業規模のものを作る計画が進んでいる。他の蓄電、蓄熱の方法に比べて、ごく原始的な仕組みだがそれだけに可能性が高い。

原子力業界は小型原発にのぞみを託しているようだが、立地やバックエンドの問題は変わらないので、原発は大型でなくてはその力を発揮できないだろう。

それより小型核融合炉による発電が面白い。各国でベンチャー企業が盛んに開発にチャレンジしており、この中から成功するものが出てくる可能性がある。

このような新たな発電や蓄電の技術が二〇五〇年までに出てくる可能性は十分にある。素材の開発などにおいてＡＩの活用によりいままで長時間かかっていた試行錯誤が一瞬にして出来るようになったからだ。ＡＩはいままでの発見、発明の過程をまったく新たなものにしてしまう可能性が高い。

歴史は新資料の発見によって一夜にして書き換えられることがあるが、これからも、新発見、新発明によって世の中が変わってしまうことは十分にある。

二〇五〇年に向けたエネルギー基本計画策定にあたっては、そのような期待を込めてもよいし、研究者や開発者に目標を示してもよいのではないか。

第六章

原発の根本的問題は克服出来るのか

原発は根本的な問題をいくつも抱えている。これを克服できるかが原発復活の鍵となる。最近、原子力業界、経済団体は政府に対して盛んに今後の原発維持、拡大の方針を示せと迫っているが、そうであるなら原子力業界は次の七つの問題に対してどのように克服出来るのか具体策を示すべきだ。

1、バックフィットの必要性

原発の抱える根本的な問題の第一は、自然災害などに関してあらたな知見が加わった場合、それを反映した対策を稼働中の原発に追加しなくてはならないということだ。関係者間ではこれをバックフィットと呼んでいる。中には物理的に実施が困難なものもあり、出来たとしても長い期間と多額の費用がかかるものがある。自然災害は対策を待ってはくれない。

原発は少なくとも四〇年の運転期間を見込んでいる。場合によってはさらに延長することもある。そうなるとその間には自然現象の発生メカニズムや発生条件が解明されたり、過去に同じ場所で大災害が起きたことを示す痕跡が見つかったりして、従来想定していたより大きな災害が発生する可能性があることが判明する。近年、地震などに関する研究は驚く程の進歩を遂げている。

原発の場合は建屋だけでなく、内部の重要な機器や配管などについても耐震設計されているが、その基になる地震の大きさの想定が違ってくると、抜本的な改造が必要となる。原発の建屋の強度、設置地点の海抜などの問題への対策には長い期間と多額の費用がかかり、その原発の存立にかかわる大きな問題となる。

福島第一原発の事故の少し前に、建設当初に予想されたものより巨大な地震に襲われる可能性がわかり、その影響で原発の設置してある地点の海抜より高い津波が押し寄せる可能性があることが研究者から発表され、規制当局も動き始めたが事故は起きてしまった。福島第一原発の事故後は全国の原発を停止し、安全に関わる規制基準が改訂されてそれに適合した改造が終了したものだけが再稼動を許可されている。

地震や津波などの自然災害は、現在でもその発生は確率でしか予測出来ず、明日来るかもしれない。理屈からすれば、絶対に事故を起こさないようにするには新たな知見が認められた後は原発を直ちに停止しなくてはならなくなる。どのように新知見を認め対応の対象とするかルールを決め、オープンな場で審議することで東京電力の旧経営陣がやった津波対策の先送りのようなことが出来ないようにしなくてはならない。

耐用年数が数十年に及ぶ原発は、運転からどのくらい経ってこの問題に直面するかも重要だ。運転開始後数十年を経過した原発であれば投資額は回収出来ており、廃炉にすることはそれほど難しい判断ではないが、比較的新しい場合は追加投資額、停止期間、再稼動後の運転可能な年数、代替の電源、運転可能年数を残して廃炉した場合の追加の償却費などを勘案して改造するかどうか難しい判断をすることになる。こうした問題は原発に限らず、火力発電所や水力発電所にもある。しかし、火力発電所の場合は設備への投資額が小さいので未償却など経済的ダメージは少ない。また、廃止費用も原発のようにはかからず、放射性廃棄物の処理処分問題もない。

この問題は数千億円の投資額と数十年にわたって稼働する原発ならではの悩ましいものである。実際に、福島第一原発の事故後、多くの電力会社が古い原発の廃炉を決断している。

2、機器の取り替えの必要性

原発が抱える根本的な問題の第二は、運転を開始してから機器の材料の強度などの不具合が新たに発見されることだ。それが実際に起きたのが原子炉圧力容器内で炉心周囲に円筒状に配されているシュラウドと呼ばれる部品に亀裂が入る応力腐食割れと言われる問題で、材料の溶接時の残留応力、環境（溶存酸素濃度など）、材料の三要素が重なって起きることが分かったため、現在では溶接時の残留応力の緩和、材料の化学成分の調整などによって解決されている。

応力腐食割れはその進展に年単位の期間がかかるので運転に入ってから何年も経過して起きる。原発において初めて応力腐食割れが確認されたのは一九六五年、アメリカのドレスデン原発であった。以降、世界中の原発で亀裂が見つかるようになり対策が進められていった。日本では一九九七年に福島第一原発ではじめてシュラウドが交換された。ＰＷＲでは蒸気発生器内に組込まれた多数の伝熱管について、一九七〇年代に「減肉」が発見され、伝熱管材料と水質に関連して対策が検討され、最近では損傷の発生割合が減少してきている。これまでに多くの原発の蒸気発生器が取替えられた。

初期の原発では燃料集合体やその構成要素である燃料棒に様々な原因による破損が発生した。破損の機構は、燃料被覆管の水素脆化、燃料ペレットの焼しまり、ペレットと被覆管との相互作用、物理的拘束下にある燃料棒の曲がり、被覆管の損傷などであり、破損防止のために適切な技術的改良が行われ、使用条件が厳格に定められたことによって、今日では燃料損傷の問題は激減している。

これらの問題は関係者の努力で原因が突き止められ対策が講じられたが、その間、運転を停止して補修を行ったり、一部の部品の交換を行ったりしなければならなかった。しかし、これらの問題は家電製品や乗用車のようにリコールして部品交換をすることと同じで、その原発は再び戦列に復帰することが出来るものであり、第一のバックフィットの問題ほど深刻ではないが、発電停止によるものと修理に係る費用は原発の発電コストに悪影響を与える。運転開始から数十年が経過した原発が多く、これから経年劣化を含めてさまざまな故障が予想される。停止期間中の逸失利益や追加費用で発電コストが上昇して原発の経済性がなくなる可能性がある。

3、建設地点の確保困難

原発が抱えている根本的な問題の第三は、今後原発を増やそうとしても立地確保が困難なことだ。多くの原発では原発建設後に立地地域の人口減少は全国平均以上に厳しいものがある。これはもともと過疎地域が多かったためであり、原発は地元への発注、国からの交付金などによって地域に当初の約束通りの経済的効果を与え続けているが人口減少対策にはなっていない。原発の増設は地元自治体が希望する場合であっても県全体、隣接県では反対が多い。特に福島第一原発の事故の影響は大きく、立地町村が賛成でも県民全体として賛成は得にくく知事は板挟みとなる。

東海原発や福島第一、第二原発は建設後の地元の人口が増えた数少ない例であるが、人口増加は原発事故の避難計画の策定、避難訓練の実施を難しくしてしまう。東海第二原発がその典型である。建設当初、周囲は田畑が広がっていたが、今の東海第二は住宅に囲まれている。再稼動に反対する住民の声は東海村より少し離れた所で大きい。

電力会社が地元自治体と安全協定を結ぶ範囲は拡大傾向にあり、新たな建設はおろか再稼動に対しても厳しい自治体が増えている。国内で原発を増設しようとした場合、新たな立地を得ることは難しく、既存の敷地における建て替えも廃炉との引き換えになるため、今後、原発のシェアを大きく拡大することは困難である。

4、廃棄物の処分先未定

原発が抱えている根本的な問題の第四は、廃棄物処分の問題があることだ。原発を支持する人を含め、人々は使用済み燃料の再処理と処分場問題、廃炉によって生まれる放射性廃棄物の処分先を心配している。この問題の解決が困難になれば原発の発電コストが上がるだけでなく、使用済み燃料プールが満杯になって運転が続けられなくなる可能性がある。乾式の仮貯蔵庫を増設し続けるわけにもいかない。

近年、温暖化対策が求められ始めたことは原発にとって追い風である一方、さまざまな廃棄物への眼差しは厳しくなっている。高速増殖炉もんじゅの挫折、再処理工場の度重なる竣工時期の延期もあって核燃料サイクルによるプルトニウムの消費が思うように出来ず国際的に批判を受けるおそれがある。人々は誰もが次世代にやっかいなものを残すべきではないとも考えており、原発の燃料再処理から出る高レベル放射性廃棄物はその代表的なものだ。太陽光パネルも廃棄する場合は有害物が含まれるが人々の捉え方は違う。使用済み燃料の処理処分問題の進み方次第では、日本学術会議が提唱したように、使用済み燃料や放射性廃棄物がこれ以上増えないよう原発の運転を制限すべしとの声が増える可能性がある。さらに廃炉に伴う放射能レベルの高い廃棄物が原発五九基分で八〇〇〇トン出るが、その処分先が見つからず廃炉工事がストップする心配がある。

5、テロの不安増大

原発が抱えている根本的な問題の第五は、常にテロ対策を意識しなければならないことだ。現在、原発は厳重な警備体制とともに機動隊に守られており、海上は海上保安庁の巡視船が見張っていて、昔のように一般市民を見学のために原発構内に入れることは出来なくなっている。

世界情勢は混迷を深めており、もし戦争になれば原発はまっさきに敵国のミサイルの標的になる。テロ国家、テロ集団はハッキングも含め新たな武器を手にしている。原爆の材料となる濃縮ウランやプルトニウムはテロの格好の標的とされてきたが、最近ではインフラとしての発電所や送電線を狙うものや放射性物質を飛散させることを目的とするものも現れている。原発の建屋は航空機の墜落に耐えられてもミサイルはさらに破壊力がある。また、屋外にも多くの重要な設備がある。

このため原発をはじめ原子力関連の施設のテロ対策は年々強化を迫られており、周囲住民の不安も他の電源との競争において不利である。もし、世界のどこかで原発に対するテロが発生したとすれば、その心理的影響は極めて大きなものになる。原発を維持し、これをテロから守るための負担は年々大きくなる。それは国の安全保障上、原発への依存度を高めていくことが難しくなっていくことを意味している。

6、競争力の低下

原発が抱えている根本的な問題の第六は、他の電源との発電コスト競争力が低下傾向にあることである。近年、太陽光発電や風力発電などの再生可能エネルギーが飛躍的な技術進歩と発電コストの低減により原発の強力なライバルとして浮上している。福島第一原発の事故以降、安全設備の強化など原発の建設費は増加しており、海外でも建設計画の中止が相次いだ。原発の優れている点は発電に際して二酸化炭素を出さないこと、天候等に関係なく大出力で安定的に発電すること、燃料輸入の問題が小さいことである。しかし、原発が経済性を高めるための大型化は限界に来ている。

これに対して再生可能エネルギー、特に洋上風力発電の大規模模化は留まるところを知らない。電源別発電コストの比較は単純には出来ない。というのは出力が大きく安定的な火力発電、原発に対して再生可能エネルギーの多くが小出力、不安定であるからだ。もし二酸化炭素排出に価格を付けるカーボンプライシングが現実になれば火力発電は一気に経済性を失う。一方、原発のバックエンド費用、事故処理費用も不確定な部分が多い。国のエネルギー基本計画に示されている発電コストも原発のところだけは金額の後に「〜」が付いていて、これ以下はないがこれ以上はあるということで他の電源との比較が出来なくなっている。国として原発の発電コストに自信がなくなっている証拠だろう。

我が国の電気料金は原価と利益に加えて、電源開発促進税、再生可能エネルギーのための賦課金、福島第一原発の事故の後始末の費用分担という三つの負担が上乗せされている。電気料金は輸出産業にとって競争力に影響するため、二酸化炭素フリーなだけでなく低廉さが求められる。また、大事なのは将来の予測である。今の海外における太陽光発電、洋上風力発電の急激なコスト低下を見れば、不安定さをカバーするための費用が掛かるとしても一〇年後、二〇年後には日本においても両者の原発に対する優位は確実と思われる。これに対して原発推進側からは小型炉開発の提案はあるものの原発の発電コストを下げる一発逆転のアイデアは出ていない。

7、原発を支える基盤の劣化

原発が抱えている根本的な問題の第七は、原発を支える金、人、物といった基盤がゆるぎ始めていることだ。従来、原発を開発してきた電力会社は地域独占と総括原価方式により磐石の経営基盤を有し原発に十分な金と人を提供出来てきた。しかし、電力自由化が始まってから、その経営基盤は揺らいでいる。さらに原発が長期間停止していることで収支が厳しくなっているうえに、再生可能エネルギーへの投資を迫られている。原発を新増設しようとした場合、外部から資金を調達するのは以前のように容易ではなくなっている。

既存の原発は政府の明確な原子力推進の意思表示がないまま経年劣化に耐えることを強いられており、一〇年以上停止している中部電力浜岡原発の現場の技術系社員の四割は運転経験なしの状況になっていると報じられている。運転、保修に係る人材確保は年々困難になっている。教える側も団塊の世代が既に引退してしまった。建設中の島根三号機や大間原発で現場のプロジェクトマネージャーを経験した人は一〇年前で四〇～五〇歳。今は五〇～六〇歳。一〇年後に別の場所で原発建設を始めたとしても、経験者は六〇～七〇歳である。三つの原子炉メーカーも新増設や輸出がないことから製造設備、人材ともに弱体化している。

これら七つの問題をどのように解決していくかの道筋が示されなくてはならないが、国や原子力業界にその力があるのか。この七つの問題は福島第一原発の事故以前から認識されていた。しかし、対策の多くは先送りされ、事故後の一〇年もほとんどが動かず状況はさらに悪化している。このままでは国民負担が増すばかりで、次世代に大きな「負の遺産」を残すことになる。早急に公開の場でどうするか議論を開始することが現世代の責任だ。

おわりに

東北地方では東日本大震災の余震とされる大きな地震がいまだに続いている。二〇二一年に入っても福島沖、宮城沖で震度6強の地震が発生し福島県内でも被害が出た。廃炉中の福島第一原発では燃料デブリがある格納容器の割れ目が拡大したと見られ、水位が低下したため冷却水を増量している。

これまでに傷みの激しい排気筒の倒壊を避けるため半分の高さまで解体した他、防潮堤の建設を行っているが、今後も引き続き津波対策を強化する必要がある。先ごろの地震では処理水の入ったタンクの基礎部分が横ずれした。一二五万トンの放射性物質を含んだ水が地震や津波で流出しないようにしなくてはならない。

復興期間が終了しても原発事故の後始末は今後数十年にわたって続き、このためのヒト、モノ、カネが次世代の大きな負担となるだろう。福島第一原発の事故以降、現在までどのような対応がされてきたかを振り返り、反省すべき点、改めるべき点をしっかり伝えるのが現世代の責任だ。

筆者は日本初の商業炉を建設しその後に東京電力の実質子会社になった日本原子力発電に約四〇年在籍し現場や本社を経験した。その後、日本原子力産業協会に移籍するなど、まさに原子力村の真っ只中にいた。普段から電力会社やメーカーの原子力部門や関係諸団体、そして原発立地地域との接触が多かった。そこで見たのは、人類の叡智である原子力を国民のために活かそうとする使命感と潜在的危険を顕在化させない情熱が半世紀をかけて徐々に蝕まれ、政産官学さらには地方自治体や地元住民までを巻き込んだ巨大な運命共同体がどんどん閉鎖的になっていく姿であった。

福島第一原発事故で避難してから今まで、「事故が何故防げなかったのか」、「事故原因となった東京電力首脳陣の判断にはどのような背景があったのか」をずっと考え続けてきた。問題をさらに掘り下げていくと、民主的決定を装ったパターナリズム、資本主義下での電力独占、国策民営という幻想、経済力を背景にした強大な政治力、なかでも突出していた東京電力の影響力、対話に至らない原発推進派と反対派の不毛な対立、政治家や官僚の保身のための不徹底な政策、事態を悪化させ解決をより困難にする課題の先送り、効かなくされたブレーキ、自然に対する畏敬の念の喪失、危機においても行われた手ぬるい判断などに行き着いた。

原発の事故後の一〇年間の対応でも、こうしたことに固執する姿が見受けられた。例えば、国による東京電力の救済、除染の将来目標とした値を直ちに実行することで発生した膨大な除染作業と先の見えない長期避難、住民の帰還促進を無理やり続ける地元自治体、住民の避難計画を自治体に放り投げたままの国の再稼動許可、浄化した汚染水の希釈放流を基準の四〇分の一にすることで長くなる処理期間と増加する費用。二酸化炭素抑制と首都圏大停電のリスク抑制の役割を果たせる原発の信頼低下、将来のエネルギー選択における保守的過ぎる目標設定などがある。

その根底にあるものは、日本人が長年なじんできた「費用や時間がかかっても他人との軋轢を避けようとする気持ち」「独立独歩であるより、なんらかの組織の一員であることを望む気持ち」である。そこに問題をなんとかソフトランディングさせようとする政治や既得権益がつけ込むのである。

海外から帰国するといつも緊張が薄れるのを感じる。自分と同質の人がたくさんいる国に住む安心。ロンドンやパリと違い地下鉄車内で居眠りを出来る安心感がある。外国人が驚くラッシュアワーの整列乗車は他人とのいざこざを避ける気持ちがそうさせている。日本での安心は日本らしさであり、日本人のアイデンティティーである。これを失うと日本ではなくなると考える人もいるだろう。

しかしあらゆることを日本的に対応することにこだわっていれば日本の衰退が加速されてしまう。すべてを日本的にソフトランディングさせようと考えるのではなく、折り合いをいかにしてつけ克服していくかを考えることが必要だ。科学技術を使うだけ使っておいて、挙句の果てに科学を信じないのも問題だ。新型コロナウイルスにしても、国民ひとり一人の節度だけに頼っていては克服出来ない。時代は移り世界は大きく変わっている。これからは、日本型の考え方を活かしながら、いかに変わっていくかに挑戦しなくてはならない。

あとがき

一〇年前、東日本大震災が起きて生まれて初めて経験した大地震の恐怖が身体に染み込んだ。高齢になってからこんな経験をすることもあるのだと驚いた。さらに福島第一原発の事故により元原子力村の住人から一転して原発事故の被災者になってしまったことで、新たな使命を与えられたと感じ、避難の様子などを書き留めてその年に上梓した。それ以降、月に一度避難先から二〇〇キロ離れた自宅に戻り、家屋と庭の保全を数時間するかたわら廃炉現場の視察、資料館などの訪問も含め変わりゆく現地の様子を見つめ続けた。

避難中に高齢者から後期高齢者になったが、ずっと週三本のエッセイを書き綴って一五〇〇編になった。内容は原発事故の再発防止、廃炉、福島の復興、今後の環境・エネルギー問題だ。原子力業界の現役やＯＢ、メディアの関係者に毎週メールで送っている。他に依頼された原稿執筆や講演も行った。これまで執筆したエッセイなどから共通するテーマでとりまとめたものがこの本だ。第一章、第二章は日本原子力学会誌「アトモス」に寄稿したものがベースとなっている。

原発の問題などを考えるにあたってこだわったのはＱＣサークルの何故・何故・何故のように、単なる事象と原因ではなく、その背景、歴史にも迫ることである。それに世の中の急速な変化について、より新しく正確な情報を掴み取ることにも努めた。

最後になってしまったが、長年にわたりエッセイを読んでいただき出版を勧めていただいた「共同通信」の大田昌克様、貴重なアドバイスを頂くとともにご苦労をおかけした「かもがわ出版」の松竹伸幸様をはじめ、お世話になった方々へ厚く御礼を申し上げる。

主な参考文献

『湯川博士、原爆投下を知っていたのですか』（藤原章生、新潮社）
「原産　半世紀のカレンダー」（森一久、日本原子力産業会議）
「原子力eye　vol. 53 no 11,12」（2007年11,12月）および「vol. 54 no 1」（2008年1月）
「原子力50年目の危機（上・中・下）」（北村俊郎、日刊工業出版プロダクション）
「アトモス」第55巻第6号「解説　福島原発事故の背景に迫る」（北村俊郎）
第56巻第3号「福島原発事故とその後　福島の事故が問うていること」（北村俊郎）
「福島原発事故独立検証委員会　調査・検証報告書」（日本再建イニシアティブ）
『国会事故調査報告書』（東京電力福島原子力発電所事故調査委員会、徳間書店）
『福島と原発』（福島民報社編集局）
『死の淵を見た男』（門田隆将、ＰＨＰ）
『原発メルトダウンへの道』（NHK ETV特集取材班、新潮社）
『東電原発事故　10年で明らかになったこと』（添田孝史、平凡社新書）
『原発と大津波　警告を葬った人々』（添田孝史、岩波新書）
『福島原発事故の責任を誰がとるのか』（海渡雄一、彩流社）

『フクシマ戦記』（船橋洋一、文藝春秋）
『それでも、日本人は「戦争」を選んだ』（加藤陽子、朝日出版社）
『電力と国家』（佐高信、集英社新書）
『電力の社会史』（竹内敬二、朝日新聞出版）
『原発推進者の無念』（北村俊郎、平凡社新書）

北村俊郎（きたむら・としろう）

1944年滋賀県生まれ。1967年、慶應義塾大学経済学部卒業後、日本原子力発電株式会社に入社。本社のほか東海発電所、敦賀発電所、福井事務所など現場勤務を経験したのち、理事・社長室長、直営化推進プロジェクトリーダーを歴任。主に労働安全、教育訓練、地域対応、人事管理などに携わり、2005年に退職。同年から2012年まで社団法人日本原子力産業協会参事。

福島第一原発の事故により、現在も避難を続けている。

著書に「原発推進者の無念」（平凡社新書）がある。

原子力村中枢部での体験から
10年の葛藤で掴んだ事故原因

2021年9月1日　第1刷発行

発行者　竹村正治
発行所　株式会社　かもがわ出版
〒602-8119　京都市上京区堀川通出水西入
TEL 075-432-2868 FAX 075-432-2869
振替　01010-5-12436
ホームページ　http://www.kamogawa.co.jp
印刷所　シナノ書籍印刷株式会社

ISBN978-4-7803-1178-5　C0036